林姓主婦的家務事 5

林姓主婦的
晚餐餐桌提案

4 種生活情境 × 8 組餐桌提案＝
32 套美味一桌菜

OUR TIME

目錄

輯 1

一點就通的主婦戰略心法

輯 2

臨時抱佛腳瞬間就上菜

輯 3

先苦後甘事半功倍料理

輯 4

休假一桌豐盛提案

輯 5

懶得煮整桌，一道決勝負

主婦小撇步

前言

一起，多陪孩子在家吃飯吧！

我的腎上腺素，每到晚上六點就自動開始大量分泌，那是我接兄弟倆回到家的時間，也是我進戰場的時刻。

一進家門，所有最高強度的例行家務會業力大引爆。哥哥劈里啪啦跟我說學校的事情，這個要簽名、考試哪題他不太會寫、同學闖禍被老師處罰。弟弟雖然還在念幼兒園，胸無大志，但還是會想辦法刷存在感，硬要插話說他在學校吃了哪些點心、跟同學玩了什麼玩具。我一邊聽著兩子在身邊吵吵鬧鬧，一邊翻看哥哥的聯絡簿，稍微了解他今天的學習狀況，當哥哥終於進房寫作業時，我才趕緊到廚房開始煮晚餐，弟弟就在一旁自己玩。

在抽油煙機轟轟作響之下，我彷彿躲進一個白噪音形成的防護罩裡，可以稍微專注在眼前的料理，但這種「me time」

往往持續不了幾分鐘，馬上又會傳來兄弟倆的呼喊，哥哥寫作業遇到問題要我提點、弟弟玩具壞了要修，或是他們倆吵起來了，我的爐火總是開了又關、關了又開，才能把一頓飯煮完。

大概七點到七點半間，老公到家，兄弟倆轉去轟炸爸爸，我趁機加快腳步，把廚房工作收尾，準備上菜，而我的腎上腺素，在抽油煙機關掉的那一刻，才逐漸回歸到正常值。呼喚老公孩子們上桌後，我拿起手機挑個音樂播放，深呼吸跟自己說，現在開始，讓我們一家人好好享用眼前這頓飯吧！

這是我們平日一天之中，唯一可以全家坐在一起的時光，短短三十分鐘，對我們再珍貴不過，大家嘰哩呱啦說著自己一天發生的大小事，兄弟倆有時還要搶話才能講得完。沒什麼事好說時，大家就單純鑑賞媽媽我本人做的美食（笑）。就算晚餐前跟小孩發了脾氣，兄弟們吵了架，老公工作遇到鳥事，只要吃著好吃的家常菜，很多情緒都會煙消雲散，畢竟美食當前，還有什麼好計較的，無形之中晚餐時間成為凝聚我們一家人的力量。

有句英文描寫為人父母的心境，非常細膩傳神——「The days are long, but years are short.」如果你跟我一樣，小孩都上學了，相信這種感受會非常深刻。當我們在為孩子把屎把尿，到處找公園放電，一餐又一餐收拾他們飯後殘局時，都覺得度日如年，怎麼今天過完了，同樣的 SOP 明天又要重來一遍。

但把小孩送進學校的那一刻，你會突然意識到，跟小孩能相處的時間，瞬間只剩晚上了。而正當你覺得每晚這樣度過，日子好像也挺漫長時，他們突然就進入中高年級，沒幾年就要青春期變成國中生了，晚上可能要補習或是課後社團，一起在家吃飯變成一個奢侈的概念。

看我天天煮，很多人問我不累嗎？到底是哪來的動力？一開始，是為了給小孩吃得健康營養而煮，在我的餵養之下，看他們漸漸長高長肉，變成享受吃飯的孩子，給我無比的成就感與喜悅。而現在，更多是因為我太捨不得他們長大，太想把握每晚能一起悠閒吃飯的時光。我相信，我這份心意，在兄弟倆長大離家後，想到家、想到我為他們煮的一頓頓晚餐、想到我們一起在餐桌上的互相陪伴，會感到無限的溫暖與被愛。

我們一輩子能有多長呢？
在孩子展翅高飛前，能陪在我們身邊的時間又有多久呢？
一天三十分鐘的晚餐時光，說起來微不足道，
卻能綿延編織出一段好細好長的溫柔回憶，
把我們一家串在一起，一輩子療癒彼此。
讓我們一起，多陪孩子在家吃飯吧！

How to use
本書使用說明

距離我上一本家庭料理食譜書，已整整過了七年的時間（驚）。這七年，我做了許多我們一家都很喜愛的家常菜，很高興終於能趁這本書，將這些年值得收藏的食譜集結整理，好好分享給大家。

有別於一般食譜書以「道」為單位的教學，這次我直接針對一般家庭常有的四種晚餐情境，設計出一桌四菜一湯的菜單。之所以會想以一桌菜來切入，是因為我發現，**要煮出一道菜不難，難的是如何往下走，配出營養均衡、口味和諧的一桌菜，而且還要在合理的時間內做好端上桌，這背後需要很多經驗與盤算。**

餐桌上的菜雖然不會講話，但其實暗潮洶湧，菜與菜之間都有著牽一髮而動全身的牽制。**主菜重鹹，配菜就要清淡；主菜耗時，配菜就要省事。**做出一桌好菜，就像是要打造一個能好好合作的夢幻團隊，讓主菜及配菜互補的同時，又不至於搶掉對方的風采，才能成為彼此的神隊友，手牽手、心連心，成就出一桌讓人吃了滿足又舒服的料理。而這些觀點，如果我用「道」為單位來教學，就很難讓大家跟著我，用更綜觀全面的視角思考配菜。

我設想了許多透過這本書幫助你們的方式。

〈輯1 一點就通的戰略主婦心法〉

本章分享了我在廚房的心法，包括配菜時的大原則與考量、發想菜單的方法、安排烹調順序的邏輯，及重要的料理小撇步。先看一遍，會對整本書的脈絡有明確的理解與掌握。

再往下翻，會看到我歸納四個情境主題，可依照每日不同的生活步調，來挑選最合適的餐桌菜下手。四種情境分別為：

〈輯2 臨時抱佛腳瞬間就上菜〉

以**備料簡單、烹調程序快速單純**的快炒類為主，同時搭配烤箱與電鍋的運用，分散加熱方式，縮短出菜的時間。

〈輯3 先苦後甘事半功倍料理〉

會教能**事先做好的燉物料理**，開飯前只要再搭幾道簡單的配菜，即可輕鬆搞定一桌菜。

〈輯4 休假一桌豐盛提案〉

會教一些無需困難技巧，只要**花點時間就一定能獲得滿堂彩的料理**，週末或家宴時可以與大家一起開心享用。

〈輯5 懶得煮整桌，一道決勝負〉

以一碗飽的丼飯或麵類料理為主軸，只想簡單吃的時候，這個章節有很多道可以很快變出一桌菜的選擇。

每晚的餐桌食譜中，配有一個小單元「主婦流備餐戰略」，這是我隨手記錄下來的料理順序，大家可以跟著在腦海先沙盤推演一番，再依實際情況自行調整，下廚時會更有效率。

最後要說的是，**我期待這本書能帶給你們非常靈活的運用，無論想無腦直接照整桌菜煮，或是自行替換菜色做些變化，都可以。**

本書共集結了一三七道食譜，從主菜、配菜、主食到湯品都有，只要參考本書最後的食譜索引，根據我定義出的五大挑菜依據，**包括「下飯菜／清淡菜」、「很快熟」、「先做好」、「無油煙」、「主題菜」，便可找到符合條件的菜色**，隨意變換菜單，搭配出最適合自己的組合。

由衷希望這本食譜，可以幫助更多人找到在家吃飯的動力與方法。心有餘而力不足也沒關係，有空時煮個一、兩天，或是趁週末假期再煮，料理就挑簡單的做，輕鬆看待、量力而為，相信孩子們會感受到父母的這份心意，在餐桌被這份愛滋養著。

主婦心底話

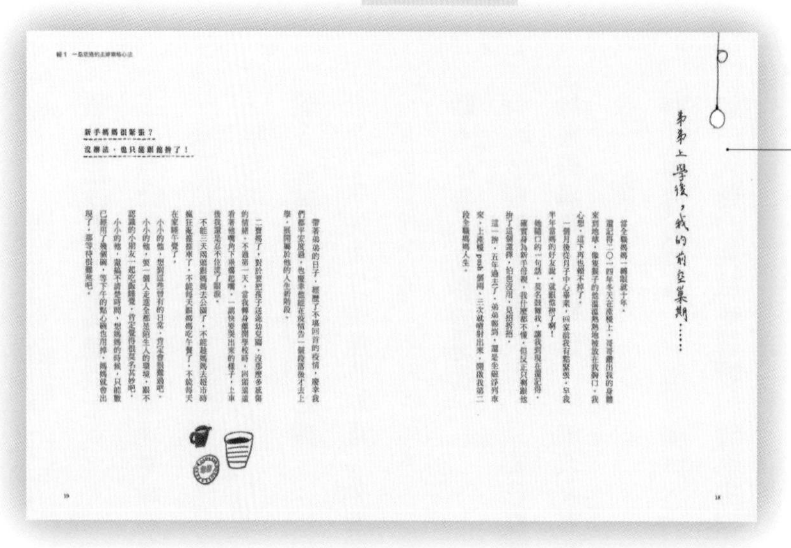

當孩子逐漸長大，曾經完全投入家庭的我們，該如何把重心收回來、投資在自己身上，是不容易的課題。

輯 1 主婦料理邏輯與心法

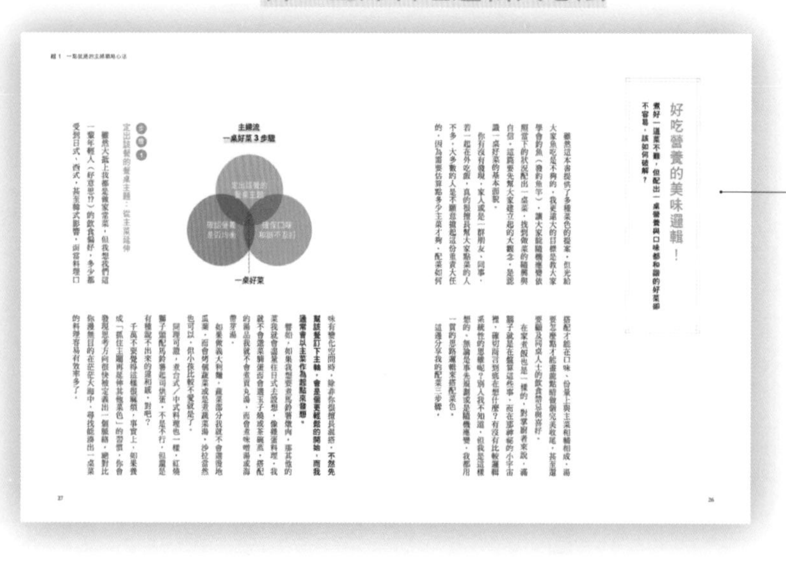

煮一道菜不難，難的是如何搭出一桌菜。分享我的配菜邏輯與心法，看了就會慢慢悟出其中的眉角。

輯2～5 搭配好32套的晚餐餐桌（共137道）

圍繞主婦家餐桌與生活的解憂日常，看了好療癒。

主婦實作時的料理順序，讓大家做之前可以沙盤推演看看。

本日餐桌菜色，搭配好的一桌營養美味！

主婦小撇步

主婦無私分享小撇步，學會了，料理省時更省力。

一桌食譜（四菜一湯）

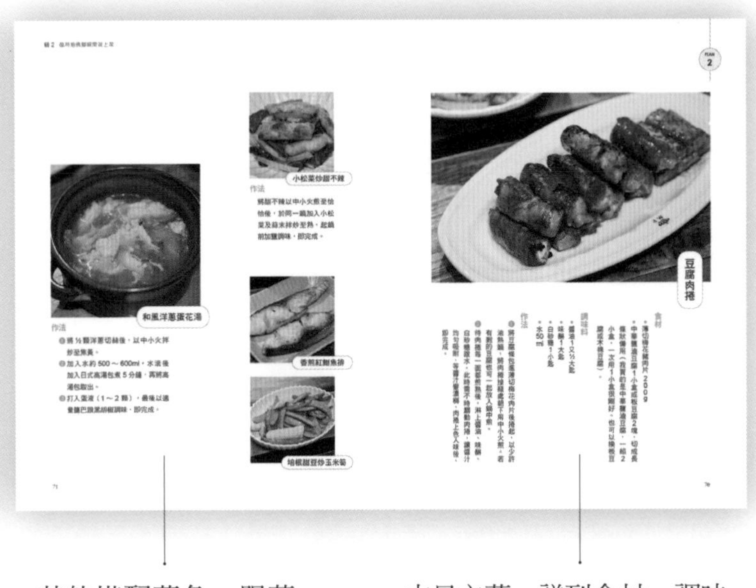

其他搭配菜色，跟著做或自己搭配都行。

本日主菜，詳列食材、調味料、作法，跟著做美味上桌。

輯 1

一點就通的主婦戰略心法

——feat. 弟弟上學後，我的前空巢期……

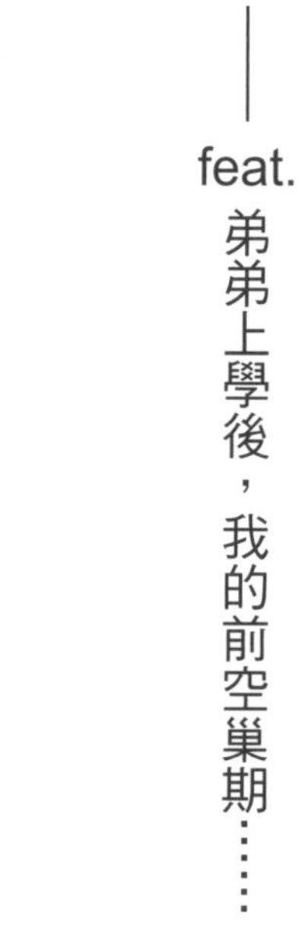

想做出一整桌美味又營養的料理，是有方法的。
快來了解餐桌戰略邏輯，變身聰明主婦！

弟弟上學後，我的前空巢期……

當全職媽媽一轉眼就十年。

還記得二〇一四年冬天在產檯上，哥哥鑽出我的身體來到地球，像隻猴子的他溫溫熱熱地被放在我胸口。我心想，這下再也賴不掉了。

一個月後從月子中心畢業，回家前我有點緊張。早我半年當媽的好友說，就跟他拚了啊！

她隨口的一句話，莫名鼓舞我，讓我到現在還記得。確實身為新手母親，我什麼都不懂，但反正只剩跟他拚了這個選擇，怕也沒用，見招拆招。

這一拚，五年過去了，弟弟報到，還是坐磁浮列車來，上產檯 push 個兩、三次就噴射出來，開啟我第二段全職媽媽人生。

新手媽媽很緊張？沒辦法，也只能跟他拚了！

帶著弟弟的日子，經歷了不堪回首的疫情，慶幸我們都平安度過，也慶幸他能在疫情告一個段落後才去上學，展開屬於他的人生新階段。

二寶媽了，對於要把孩子送進幼兒園，沒那麼多感傷的情緒。不過第一天，當我轉身離開學校時，回頭遠遠看著他嘴角下垂癟起嘴，一副快要哭出來的樣子，上車後我還是忍不住流了眼淚。

不能三天兩頭跟媽媽去公園了，不能趁媽媽去超市時瘋狂亂推推車了，不能每天跟媽媽吃午餐了，不能每天在家睡午覺了。

小小的他，想到這些曾有的日常，肯定會很難過吧。

小小的他，要一個人走進全都是陌生人的環境，跟不認識的小朋友一起吃飯睡覺，肯定覺得很莫名其妙吧。

小小的他，還搞不清楚時間，想媽媽的時候，只能數已經用了幾個碗，等下午的點心碗也用掉，媽媽就會出現了，那等待很難熬吧。

站搖滾區陪小孩成長的回憶，

我一輩子都不想忘記！

做全職媽媽這些年，我得以站在搖滾區，用最近距離見證我兩個兒子所有最可愛（與最可怕）的時刻，留下許多閃閃發亮的回憶，那是我身為全職媽媽所獲得最珍貴的寶藏，我一輩子都不想忘記。

而這些與孩子整天相依的時光，隨著弟弟上學，等於告個段落，雖然充滿不捨，但我也知道，我們都該move on 往前走了。弟弟該去體驗團體生活，而我該把曾經毫無保留分給家庭與孩子的時間，慢慢收回來用，拼出我人生下個新階段的樣貌。

我們，一起加油吧！

2023.7.29，弟弟開始去上學的
前兩天，我的小無尾熊。

料理即戰略，怎樣算難，怎樣算簡單？

若說廚房是主婦的戰場，那料理就是戰略，且讓我們一起好好謀劃這場戰役。

在開始之前，我們先討論一下，就一道料理而言，怎樣算難、怎樣算簡單？

很多人看食譜，會輕易說出：「齁，這道菜看起來好難喔！」這個結論，就像我看到數學就一律覺得很難一樣（突然很能同理）。但說起來，**所謂的做料理，可不只有備料跟烹煮的部分，而是從採買開始、到把廚房收拾好才算結束，這些都需要花時間，而每個環節可能輕鬆也可能麻煩。**如果太一言以蔽之，會發現自己能夠接納的新菜色相當受限，因為什麼都「好像很難」。

又或者，你看食譜時沒有意識到難，但頭真的洗下去之後，才發現比想像中麻煩。這會讓你在毫無預期的情況下，陷入倉促慌張的狀態，折騰老半天，做出成果差強人意的一道菜，走出廚房還餘悸猶存心慌慌。

所以我覺得，**學會用更全面的角度，去分辨一道菜哪部分算難、哪部分算簡單，可能會讓你發現，原來有些菜沒有你想像中難。因為其中比較麻煩的部分，剛好你不介意處理；也可**

能幫助你了解哪些環節你就是不想面對，那不如換別道做以趨吉避凶，讓自己突破心防跨出去開始煮。

料理簡單或困難？可從五個角度來評估。

對我而言，一道料理的難與簡單，可以用以下五個層面去思考。

- **備料難易度：**所需食材是否繁瑣、是否有特殊食材或調味料需要特別張羅、是否需要細膩的洗洗切切？
- **火候掌控難易度：**丟進鍋裡慢煎、燉滷即可，或是用烤、蒸的就行，還是需要一路小心顧火、調整火力？
- **調味難易度：**是否會用到五種以上的調味料，而且份量都要很精準？
- **耗時多寡度：**是幾分鐘就可以完成的料理，還是需要花時間久燉？
- **善後難易度：**油花是否會把爐臺噴得到處都是，還是煮完整個廚房依舊清爽乾淨？

評估料理難度五角度

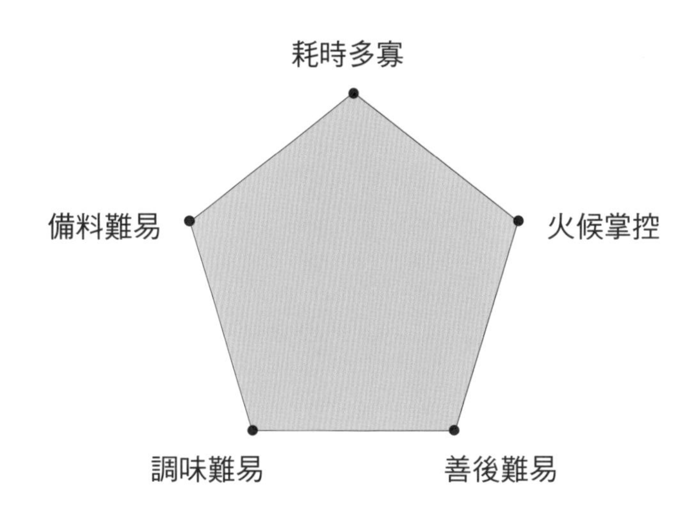

有了以上認知後，就可以依照對自己狀態的掌握（或預測），挑選最合適的料理來下手，像是：

●有多少時間？

・有辦法提前採買好嗎？還是只來得及去超市隨便抓點東西，或是冰箱有什麼就煮什麼。

・離上菜時間有多趕？頂多三四十分鐘，還是至少有一小時？

●料理時的周邊狀況？

・小孩狀況穩定嗎？是否可以自己玩或是寫作業，還是整場在旁邊罵罵號巴著你不放。

●自己的心情狀態？

・煮飯的興致好嗎？或是今天鳥事一堆心情浮躁，根本很想衝去買鹽酥雞珍奶狂嗑（幫我加一）。

●飯後收拾的可承受度？

・飯後有多少時間、體力收拾，是否有家人可以接手。

如果說廚房是我們的戰場，那料理就是我們的戰略。每道料理都像寶可夢一樣，有自己的能量與屬性（小男生之母無誤），端看我們如何用更全面的角度去理解、分辨菜色的難易，再因應當下的局勢慎選菜色，讓自己煮得不狼狽，一家人又吃得開心。

本書記錄了許多我的備餐心法，跟著一起慢慢看下去，肯定會對於如何煮出一桌菜越來越有概念喔！

學會用更全面的角度分析菜色難易，加上對自己生活狀態的掌握，安排每日餐桌將更容易。

好吃營養的美味邏輯！

煮好一道菜不難，但配出一桌營養與口味都和諧的好菜卻不容易，該如何破解？

雖然這本書提供了多種菜色的提案，但光給大家魚吃是不夠的，我更遠大的目標是教大家學會釣魚（發釣魚竿），讓大家能隨機應變依照當下的狀況配出一桌菜，找到做菜的隨興與自信。這篇要先幫大家建立起的大觀念，是認識一桌好菜的基本面貌。

你有沒有發現，家人或是一群朋友、同事，若一起在外吃飯，真的很擅長幫大家點菜的人不多。大多數的人是不願意擔起這份重責大任的，因為需要估算點多少主菜才夠、配菜如何搭配才能在口味、份量上與主菜相輔相成，湯要怎麼點才能畫龍點睛做個完美收尾，甚至還要顧及同桌人士的飲食禁忌與喜好。

在家煮飯也是一樣的，對掌廚者來說，滿腦子就是在盤算這些事，而在那神祕的小宇宙裡，確切而言到底在想什麼？有沒有比較邏輯系統性的思維呢？別人我不知道，但我是這樣想的。無論是事先規劃或是隨機應變，我都用一貫的思路邏輯來搭配菜色。

這邊分享我的配菜三步驟。

主婦流
一桌好菜 3 步驟

定出該餐的餐桌主題
確認營養是否均衡
確保口味和諧不互打
一桌好菜

步驟 1 定出該餐的餐桌主題：從主菜延伸

雖然大抵上我都是做家常菜，但我想我們這一輩年輕人（好意思!?）的飲食偏好，多少都受到日式、西式，甚至韓式影響，而當料理口味有變化空間時，除非你很擅長混搭，不然先**幫該餐訂下主軸，會是個更輕鬆的開始，而我通常會以主菜作為起點來發想。**

譬如，如果我想要煮馬鈴薯燉肉，那其他的菜我就會盡量往日式去設想，像雞蛋料理，我就不會選菜脯蛋而會選玉子燒或茶碗蒸，搭配的湯品我就不會煮貢丸湯，而會煮味噌湯或海帶芽湯。

如果做義大利麵，蔬菜部分我就不會選燙地瓜葉，而會烤個蔬菜或是煮蔬菜湯，沙拉當然也可以，但小孩比較不愛就是了。

同理可證，煮台式／中式料理也一樣，紅燒獅子頭配馬鈴薯起司烘蛋，不是不行，但還是有種說不出來的違和感，對吧？

千萬不要覺得這樣很麻煩，事實上，如果養成「抓住主題再延伸其他菜色」的習慣，你會發現思考方向很快被定義出一個脈絡，絕對比你漫無目的在茫茫大海中，尋找能湊出一桌菜的料理容易有效率多了。

四菜一湯各司其職又互補

在弟弟加入餐桌戰局後，我們家的煮飯規格正式晉升到四菜一湯。本書就以我們家目前的規格，來討論要如何配出營養均衡的一桌。

承上，在設想好當餐主題後，接下來我會切入的思考點，就是營養層面的問題了，我想這也是所有父母最在意的關鍵。

以我們家的情況來說，四菜一湯我通常會這樣做分配：

主菜①：是餐桌上的主角，通常是最下飯、最有變化、最有飽足感的動物性蛋白質。我們家會配雞、豬、牛等肉類料理。

主菜②：餐桌上的第二主角，補足蛋白質，我們家會配魚、蝦等海鮮料理。小家庭可從主菜①、主菜②擇一。

配菜①
維生素、礦物質、膳食纖維的主要來源

配菜②
補足營養

主菜②
補足蛋白質的第二主角

主菜①
動物性蛋白質

湯
補足營養

配菜①：時令蔬菜，是維生素、礦物質、膳食纖維的主要來源，用來補足蔬菜量。

配菜②：基本上會是雞蛋、豆腐、瓜類、菇類、豆類、筍類料理，依照其他菜色的配置，將營養拼圖更完整地補上。

湯：主要是排骨湯、雞湯、海帶芽湯、紫菜湯、味噌湯幾種去做搭配變化，也可作為補足菜色營養的來源。

關於餐桌上戰將的調度，有四個思考

在配菜時要記得，每一道料理都是各有所長的戰將，而我們是軍師，要全方面去評估與調度，才能湊成最佳戰隊，帶給家人滿滿營養。以下是我在調度戰將時，最主要的四個思考點（瞇眼撚鬚）：

1當主菜①的份量、飽足感已很足夠時：主菜②可改用雞蛋料理，補足蛋白質的同時，又不至於讓大家飽到吐。

2當兩道主菜的份量偏少時：配菜②可選擇豆腐料理，增加飽足感。相對的，當兩道主菜的飽足感已經很夠，我就不會再煮豆腐料理，避免太飽。

3當兩道主菜的肉量偏少時：可靠排骨湯、雞湯或是魚湯，把肉量補足。反之，當主菜肉量已經很足夠，就建議選擇海帶芽湯、蛋花湯等沒有飽足食材的湯品，整體而言，肉量才不會過多。

4當主菜使用到的蔬菜很少，甚至沒有時：譬如乾煎雞腿排，配菜②可選擇用瓜類、菇類、豆類、筍類料理。

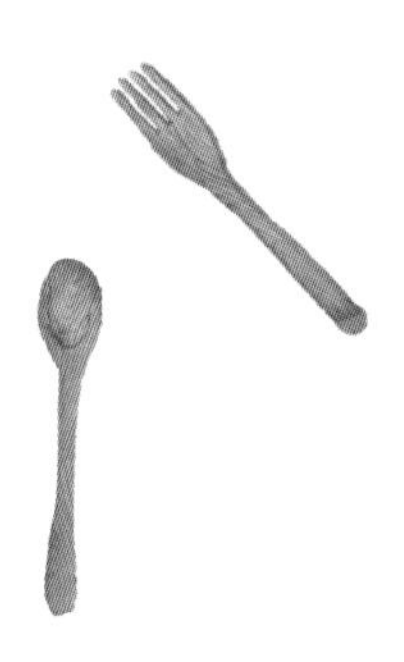

步驟3

確保口味要和諧：下飯菜與清淡菜都要有

決定好餐桌主題跟挑選好營養均衡的食材後，最後就是確保口味要和諧了，這是讓大家能吃得過癮又舒服的一大關鍵。

之所以把口味放在最後一關來討論，是因為變化起來不難，因應餐桌主題跟營養分配的結果來調整作法即可。**至於要怎樣讓一桌菜的口味「和諧」？最簡單的方法，就是把料理大致分為「下飯菜」或「清淡菜」來看待。**

想像一群人在餐廳吃飯，每個人負責點一道，小陳點了紅燒肉，小林點了麻婆豆腐，小李點了螞蟻上樹，老王點了酸辣湯，小花飲食比較健康，幫大家點了青菜。大家點完就繼續聊天，沒在管其他人點什麼，等一一上菜，才發現這桌菜吃完大家差點去洗腎，因為每道都太鹹香下飯了，連湯也不給大家喘息的空間。

所以，雖然我一定會在每桌菜配一道下飯菜，而這個任務通常是主菜來扛，但**其他的配菜就會搭得清淡些，大家才會吃得「舒服」**。舉個例，紅燒肉，就搭個九層塔炒蛋或蝦仁炒蛋，配菜除了蔬菜，也可來道炒絲瓜或脆炒大黃瓜，湯的部分就選擇比較清甜的竹筍或是蘿蔔湯，一桌菜的起承轉合會更流暢有層次，讓人人大快朵頤又沒負擔。

如果你偏偏很想吃麻婆豆腐怎麼辦？就反過來推，挑不搶戲的主菜去搭，像是煎魚、烤松阪肉、大黃瓜蒸肉，口味都偏清淡，絕對可以跟下飯的麻婆豆腐互相扶持，照顧好餐桌上的每個人。

總之，一道下飯菜都沒有，就像個清湯掛麵的女團，讓人抓不到重點。每道都下飯，又像整桌馬景濤，存在感強到讓人招架不住。選擇菜色時記得用這個視角檢驗一下，整體口味就一定會更和諧。

最後，給大家一個**黃金守則**，懶得想那麼多時，記得這個提醒就功德圓滿了。

如果是三菜一湯，那最多一道料理用醬油，其他靠鹽即可，如果是四菜一湯，那就最多兩道有使用醬油的料理。若醬油只是少量上色用，則不在此限。這是我第一本書就寫過的提點，即便到現在，我也會用這個角度檢視自己的菜色搭配，確保口味不會太重或太淡，分享給大家！

主婦流調味黃金守則

【三菜一湯】

①野菜炒豬肉→醬油調味　②培根櫛瓜玉米筍炒鮮菇→鹽巴調味
③香煎花枝蝦排　④紫菜魩仔魚蛋花湯

【四菜一湯】

①蒜苗蘿蔔燉肉→醬油調味　②蝦仁炒蛋→鹽巴調味
③醬燜茭白筍→醬油調味　④蒜炒高麗菜→鹽巴調味
⑤老菜脯香菇雞湯

豐富每日餐桌的五個方法

每天想菜色是件苦差事，我以十年主婦人生經歷彙整出五個方法，讓你不用變老就一次學到！

看完上一篇，對於如何配出一桌菜的步驟與脈絡，大家應該比較有概念了，接下來要討論更務實的層面，就是日復一日中，如何不斷想到哏來變化菜色。

以下是我自己在發想菜色時，會切入的思考角度。姑且稱為「主婦流豐富菜單五方法」。只要經常這樣思考，內化成習慣，變化菜色這件事其實一點都不難、也不複雜喔！

主婦流豐富菜單五方法

方法1 定錨料理發想法

方法2 季節體感發想法

方法3 雷達全開發想法

方法4 季節食材發想法

方法5 剩餘食材發想法

方法 1 定錨料理發想法

發想菜單時，你可能會有好幾個想法在腦海中飄來飄去，是要做蔥爆肉絲好呢？還是咖哩飯呢？

聽我說（直視你雙眼），**憑直覺先抓住一個最有fu的菜作為定錨料理就對了，再以其作為為發想的起點，延伸出同一主題脈絡的搭配菜色，思路會因此有個明確的先後順序，幫助你更快得出結論。**

就如我前面所說，**定錨料理通常是主菜，**畢竟主菜是整桌菜的顏面擔當，特色與口味更為鮮明，以主菜為切入點來思考其他配菜的搭法，路線會更明確。而且，當主菜有一定變化時，配菜就不見得需要每天猛想新哏，靠幾道受歡迎的配菜排列組合、輪番上陣，大家也不會特別覺得膩，間接讓發想菜單變得更輕鬆。

把主菜確定下來，後續的搭配就會輕鬆許多。

當然，定錨在配菜或是湯品也是可以的，只要足以作為往下思考的基礎點即可。像冬天突然很想吃麻油雞，就可以反過來推出一桌台菜或是小吃主題的餐桌。

季節體感發想法

炙熱的夏天自然會想吃涼拌或是口味清爽的東西，濕冷的冬天就會想吃暖呼呼的鍋物料理，這些渴望其實一直都藏在我們身體裡。在發想菜單時，記得把不同季節的體感需求也納入考量，做些讓大家吃了通體舒暢的料理。

換句話說，在確切想到要煮哪道料理前，先很大方向想著「今天好冷，晚上想要來點溫暖的料理」也是一個很有意義的起點喔！

夏天很熱，主食是冷烏龍麵佐溫泉蛋，是不是清涼消暑又開胃呢！

看到喜歡的食譜就記下，是我不知該做什麼時的靈感大寶庫。

方法3 雷達全開發想法

愛煮飯的人，肯定是隨時都把料理雷達打開，不管是在外吃飯、追劇看電影、看書看雜誌或是滑社群，只要遇到覺得不錯的料理，就會瞪大雙眼把資訊高速掃描輸入腦海裡，盤算著有天要自己在家做做看。

想要成為一個擅長煮飯的人，就要練習開啟這個雷達，慢慢你會發現生活之中處處是料理靈感。你總會在外吃飯或吃便當，你總會吃到讓自己覺得滿意的食物，你總會看到一定很好吃的食譜，多留意這些靈感降臨的時刻，多去體會、感受，試著推敲看看大概會是怎麼做的，把觀察盡可能記下來。

像我手機就有開一個筆記本，我只要吃到／看到想自己做做看的料理，就會順手記下來，靈感枯竭時，去滑滑那個清單，就會從中找到可以嘗試的菜色，幫助我衝出迷霧。

方法4 季節食材發想法

我覺得最偷吃步的方法，就是依照當令食材挑選菜色。生活在台灣最幸福的，就是一年四季都有各式各樣當季蔬果，雖然現在農業發達，很多蔬菜都已經打破季節的框架，任何時候都買得到，但當季的還是最好吃、賣相更好，價格也漂亮。

像秋冬，我就經常煮白蘿蔔、番茄、菠菜、高麗菜、大頭菜、蒜苗、玉米；夏天就愛煮綠竹筍、絲瓜、冬瓜、小黃瓜等。將當令食材入菜，會提供我們非常明確的指引，讓發想菜色變得更簡單。

方法5 剩餘食材發想法

我很討厭剩菜剩食材，都會盡可能精準採買，但總有無法一次用完的時候。像如果買到一大顆高麗菜，小家庭吃個四頓都有可能。西洋芹也一樣，不買則已，一買就是一整大株，或是買了紅蘿蔔但只需要切一些來配色，剩下大半截。

面對冰箱裡這些七零八落的游擊兵，要用珍視的態度想辦法把它們用掉，才不會暴殄天物。真心沒想法的話，就直接用關鍵字查詢相關食譜，不但不浪費食材，還會給我們非常省心的開始。

舉個例，買了白蘿蔔要煮排骨湯，但只買到很大根的，一鍋湯用不完，那下一餐就來煮蘿蔔燉肉，再以此延伸出一套台式家常菜，做了菜脯蛋、蛤蠣絲瓜跟時令青菜。假使還剩一小截沒用掉（蘿蔔是多大根啦），那就拿來做蘿蔔泥玉子燒，再順著發想成日式餐桌，做個牛丼、燙菠菜佐芝麻醬、豆腐味噌湯。如果你掌握這個方法，當你買到一根巨大的白蘿蔔時，其實後面兩～三頓飯也都順便搞定啦！

食材用得巧，就有大變化！

要煮排骨湯但只買到很大的白蘿蔔，用剩的可以燉肉或燉雞翅，相對應的餐桌菜也就會慢慢衍生出來。

蘿蔔燉肉

排骨湯

日式蘿蔔燉雞翅

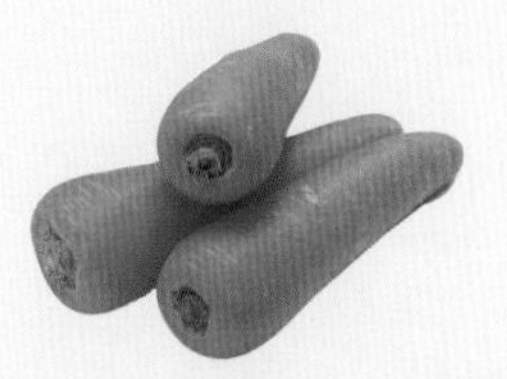

買了紅蘿蔔但只需切一點來配色，可以把剩下的紅蘿蔔當起點，發想其他料理，下一餐用掉。

番茄馬鈴薯燉肋排

野菜炒豬肉（配色用）

預先開菜單的七個好處

先開菜單乍看麻煩，但是後續卻可以無腦地按表操課，對我反而事半功倍更輕鬆！

講到決定煮什麼的方法，很明顯分為兩派。一是直覺派，要煮之前才打開冰箱看有什麼食材，或是跑一趟超市隨機應變。二是規劃派，會預先想好那幾天要煮什麼，把菜色都配好，再去把菜一次買齊。而我，林姓主婦，很顯然就是規劃派（不然我寫這篇幹嘛啦）。

其實我不是天生如此愛規劃，這完全是在當媽之後才被逼出來的習慣，因為帶小小孩去採買的過程無比艱辛！有個隨時上演「小雞逛超市」的稚兒跟著，在超市亂拿東西、推推車輾壓生母以及路人的腳踝或衝撞沙拉油山，讓我一刻都無法鬆懈，必須隨時緊盯，才可以避免孩子闖禍。

在這樣的壓力下，我自然是不可能悠悠哉哉在超市尋找靈感，就算逛逛確實有靈感好了，也可能瞬間被我小孩嚇到煙消雲散。我寧可把採購清單列好，殺進超市用最快速度掃貨，才能縮短孩子為非作歹的時間。

慢慢的，我開始以週為單位，在手機記事本

裡列好菜單跟要買的菜。我通常是星期一列，星期二市場開市時採買，週一晚餐就順勢做清冰箱料理。

很多人聽到我這樣做，會說一次想好幾天的菜單，很累耶！但其實我自己這樣執行幾年下來，覺得整體而言好處太多了，說起來有以下七點。

一氣呵成想好，之後按表操課就好

想好一週的菜單當然需要花時間，以我來說，大概會需要十到二十分鐘，就看靈感多不多，卡住了就去翻食譜書或上網找。但一週只要做一次，就可以確保往後幾天能無腦地如法炮製，對我而言反而更輕鬆。

反之，如果不一次想好，而是每天每天想的話，會有種被這件事糾纏，永遠無法擺脫的感覺！媽媽的待辦事項隨時都像捲筒衛生紙那麼長，我能槓掉一個算一個，寧可先苦後甘，才可以徹底把這件事拋諸腦後，直到下週。

精準採買，避免食材浪費

我非常討厭冰箱有剩菜或是無法如期用完的食材（冷凍庫裡常備肉品不算），所以我一定是根據菜單，很明確採買需要的量。

如果很隨興憑感覺湊菜單，可能會臨時買不到需要的食材，想煮的煮不出來，或是一時手快買了卻無法如期煮掉，不知不覺造成浪費。

很多人會問，葉菜類不耐久放，如果一次買一週的量，該如何挑選分配蔬菜呢？

我的原則是，**綠色葉菜類我只會買兩天份，往後的天數，就會靠比較耐擺放的蔬菜出菜**，像是高麗菜、大白菜、花椰菜、娃娃菜、甜豆、四季豆，瓜類與菇類也相對耐放，用這個方式去採購就不用擔心。

好處3 菜色間彼此支援，讓食材更充分地被利用

有時買到的食材可能份量偏大，一餐煮不完，如果沒辦法想出可以繼續變化的菜色，最終就是擺到爛了也沒煮掉。

一次列好一週菜單，就可以預先想好後續利用的方式，像是一顆南瓜取¾煮濃湯、隔天再拿剩下的燉肉，徹底運用食材的同時，也不用擔心吃膩。

好處4 用更全面的視角檢視營養與口味的搭配

除非料理經驗豐富，不然臨時想出來的菜色，很容易因為當下靈感、食材有限，而出現顧此失彼的狀況，像是營養搭配不夠均衡，或是口味都太重鹹、太清淡，甚至菜跟菜的口味根本不搭。

事先搭配好菜單，用更綜觀的角度看菜單內容，就可以避免這種情況發生，還可以以一週為單位去變化食材，像是一天吃豬、一天吃雞、一天吃牛，讓家人吃到更多元的營養。**越是廚房新手，越該練習預先開菜單，會減少很多臨場驚慌失措的不安感。**

好處5 可確保菜色有一定的變化性

人的思考都是充滿慣性的，最直覺的想法，往往就是你最常想到的方案，這點在煮飯時更是明顯。所以很多人煮飯就是那幾招，沒空多想的時候更是不可能變化，久了會發現都是同樣的幾道菜在輪，沒什麼新鮮感。事先想好菜單，就可以盡可能在口味上做變化，像是不時穿插日式、西式、韓式的料理，有需要的話就提前做功課找食譜。這樣下來，餐桌的變化一定會很精彩，也會讓我們持續擴充口袋食譜。

好處 6 依照每日生活步調，挑選菜色超前部署

看這本書你會慢慢體會到，選擇什麼樣的菜來煮，是有策略的。像我在排菜單時，就會先根據當週行程做對應的安排。

老公要出差的日子，就準備炒飯、煎餃這種可以簡單跟兩小吃的料理。哥哥上課後社團會比較晚回家，就準備丼飯、雞肉飯這種一碗飽料理，他才有空去寫功課跟休息。又或者，老公會比較晚到家，那就準備不怕冷掉的燉肉料理。放鬆的週五就準備有點異國情調的美食，全家一起慢慢享用。

這些**順應生活步調所做的細微調整**，不但會讓掌廚者感覺順風順水，**更會讓家人在餐桌上感受到被體貼與照顧，這是在家吃飯所能達到的最高境界。**

另一個可以因應生活步調而調整的方向，就是料理難易與費時程度。忙的時候就挑簡單

蔥花牛肉丼飯只需要蔥、牛肉就可以香噴噴上桌，太忙時可以快速完成，填飽大家的胃。

的菜做，閒暇時就挑平常沒什麼機會做的功夫菜。這些道理講起來都很理所當然，但臨陣上場時，不見得有辦法考量到那麼多面向。

像是明明知道很忙，也覺得要做的菜應該不難，卻沒注意到其實每道都要靠爐火炒，結果一道道輪流炒完也超過半小時。事先想好的話，就可以分散加熱方式，一道炒、一道蒸、一道烤、一道冷菜，備餐步調會更從容。

好處 7 可前一天看菜單，為隔日做好準備

我習慣每晚睡前會看一下隔天規劃的晚餐菜單，預先把要煮的肉拿到冷藏解凍，也會確認需要的食材是否都已準備好，若缺什麼，隔天還來得及補買。

此外，看菜單的時候，我會感受一下整桌菜的難易度，做好心理準備，稍微在腦海裡模擬料理順序。若有些步驟可以提前完成，我就會趁小朋友午睡時處理，藉此減輕我傍晚煮飯的費力程度。

「你必須很努力，才能看起來毫不費力」，如果我在廚房能看起來少一些狼狽，那是因為我都盡可能預先設想、準備好了。

每晚睡前看一下隔天的晚餐菜單，在腦中演練一下，已經是我的日常習慣。

人生在不同階段，自然會有不同的做事方式。直覺派很自由，當天感應到想吃什麼就煮什麼，臨時不想煮就不要煮，充滿彈性很棒，當小孩大了，我一定會慢慢變成直覺派。

但以我此刻的生活來說，小孩平日就是天天要在家吃飯，我很需要精準規劃，讓家裡日常節奏感能維持平穩流暢。**多一份計畫就是多一份篤定，我很需要這種安定感。**

這本書有非常多套菜單建議，也分享很多我的配菜邏輯，可以邊看邊練習把這些思維與習慣內化。特別推薦廚房新手、忙碌的媽媽與職業婦女，養成預先列好菜單的習慣，熟練後一定可以享受到事半功倍的成果！

多一份計畫就多一份篤定，幫助我在忙碌的育兒與家務中不慌亂。

料理順序有訣竅，從容上菜更美味

想要四菜一湯能熱騰騰同時上桌，是有技巧的，我的祕訣提供給你參考。

籌備這本書時，我有把每桌菜的製作順序，記錄整理成「主婦流備餐戰略」給大家參考，至於背後的大邏輯是什麼呢？

說起來，我大致會用以下考量來安排，越前面的代表可以優先提早做。

■耗時的燉滷料理

這點我想應該是廢話啦齁，燉煮料理需要耗費時間熬煮入味，先做好才不用擔心開天窗。所以如果想要做這類料理，最好先設想可以提早製作的空檔，像是趁小孩午睡時就開始滷，或是趁前一天煮晚餐時多開一爐順便燉起來，隔天開飯前復熱即可，反而輕鬆。

■需要蒸、烤、熬煮或慢炒的料理

有很多料理，雖然不像滷肉需要提早一～兩小時做，但少說也會耗掉十五至三十分鐘，占去我們備餐絕大部分的時間。

像蒸蛋、蒸魚，用大同電鍋一杯水蒸的話，至少就是二十分鐘。烤箱料理，經常需要十五至二十分鐘，甚至更久。排骨湯、雞湯、馬鈴薯燉肉等菜色，也會需要花時間燉煮。

不過別皺眉，**這些料理雖然需要一點時間，但不用頻繁地顧火，開始烹調後就可以轉身去忙其他菜**，算是低需求人格（？），其實沒有很煩人。

另外，炒肉料理若有搭配含水量比較高的蔬菜，像是甜椒櫛瓜味噌豬五花，依序把每樣食材炒軟就會花一點時間，我姑且稱之為「慢炒料理」。

這類料理製作時只要確保火力維持在中小火，每幾分鐘去翻炒一下就好，不用全程站在爐火旁盯梢。

煮這種會花點時間但又不至於太費時的料理，**只要順序排對，說起來反而可以替我們「爭取」到空檔去忙別的事**，究竟它算不算「花時間」呢？換個角度想想，可能又覺得還好了。

烤箱料理放進去就可以去忙其他的事，在廚房打拚的時間就是這樣一點一滴爭取來的。

■ **怕燙口的料理**

像是茶碗蒸、玉子燒、豆腐料理，溫熱時是最美味、最好入口的，可以相對早製作，才有時間放涼。

■ **涼掉也不影響風味的菜色**

除了涼拌菜、炒青菜、汆燙菜，蔬菜、筍類、瓜類、菇類相對也是比較不怕涼掉的料理，早點做好無妨。

■ **炒蛋料理**

炒蛋料理提前先做好不是不行，但剛起鍋時的口感最蓬鬆滑嫩，再加上易熟，即便壓線處理也不會有太大困難，時間配置允許的話，就讓它熱騰騰上桌吧！

■ **肉類的快炒料理**

肉絲、絞肉料理，只要搭配是易熟食材，快炒一下就可以上桌，像蔥爆肉絲我就會排在相對後面的順序製作，不然帶有油脂的肉類料理，冷掉容易有油膩感，肉也會變硬，美味大打折，冬天菜涼得快會更明顯喔！如果時間安排上需要提前炒好，我會先留在炒鍋內，開動前再很快熱炒一下，就一樣可以熱騰騰上菜。

■ **炸物料理**

炸物料理一定是剛起鍋時最酥脆好吃，如果礙於時間壓力，試著提前炸起來，開飯前再速速回鍋煎或用烤箱烤一下，就可以確保上桌時是最好吃的狀態。

以上就是我在決定料理順序時的權衡考量。當然，一定會有讓人難以取捨的時候，像是整桌菜說起來都可以提前做好，究竟哪道要最優先？或是整桌菜都是開飯前製作，口味口感才最好，究竟哪道要壓軸？

遇到這種情況時，我只能說，煮飯本來就是一場修煉（手轉佛珠）。這一切說再多也只是通則，很多時候還是要靠自己的臨場反應去隨機應變，沒有什麼道理是絕對的。

但知道這些通則，試著從**「哪些菜需要時間」**、**「哪些菜比較不怕涼掉」**這兩個主要角度去切入思考，在需要做出相對判斷時還是很有幫助的，甚至在開菜單時，就把料理的順序也推演過，避免所有的菜都得擠在一起製作。

而且說到底，食物有熟有鹹就好，能端上桌才是真的，所以也不用想太多，做就是了（那我寫這一整篇到底是？？？）

炒青菜是涼掉也不至於影響風味的料理，可以早點做。

煮湯邏輯一點通

湯說起來百百款，但只要學會幾種最常見的湯底做法，就可自由延伸出許多變化口味。

我不是個多會煲湯的人，只會煮最基本的幾種口味，但為了這本食譜，我還是拚了老命幫每日的餐桌都配一套湯品，不重複之下也生出了三十二種變化口味，我覺得自己很棒（挺），特別破題寫出來是希望大家可以感受到我寫書的用心（拭淚）。

當然，大家如果細看食譜，會發現其實都不出幾個基底邏輯在變化。如果你有此觀察，我必須說你也很棒（套上勛章項鍊）。

沒錯，就是那幾招變來變去，主婦們的日常食譜就是那麼樸實無華，簡單好製作的湯品才有辦法天天煮得出來呀！

那說起來，我的湯品有哪幾種基底，怎麼製作呢？簡單歸納後，可分為排骨湯、雞湯、味噌湯及海帶芽湯／紫菜湯四類。我在這邊把大邏輯講清楚。

這篇基本上總結了我煮湯的各種方法，沒寫在這的就代表我不會（坦然）。因為食譜版面有限，如果看的時候覺得說明不夠仔細的話，可以回來這篇複習一下喔！

排骨湯

排骨湯是我非常愛的湯底，熬煮到白濁的豬骨湯，香氣十分濃郁。我自己是慣用排骨丁、支骨跟龍骨來燉，一鍋湯使用三百克。排骨丁的肉最多，如果主菜的肉量不是很夠，我就會用排骨丁讓大家啃啃肉、填補空虛；反之，如果主菜肉量已經很多，我就會選用肉比較少的支骨或龍骨，免得大家吃不下浪費。

製作方法

❶ 於鍋中加入適量冷水，放入 300g 排骨，開中火煮。

❷ 隨著水滾，雜質與血水遭逼出，湯會開始有很多浮沫。此時便可關火，將鍋中的水倒掉，並用撈網把排骨接住，用水將沾附在排骨上的雜質沖洗乾淨。

❸ 再起一鍋水（水量約 1000ml，看食材量自行增減），將洗淨的排骨放入，水滾後轉中小火蓋鍋熬煮，過程中若有產生新的浮沫，就要再撈起，湯頭才會清澈。煮 30 分鐘，待湯頭變得白濁，排骨高湯即完成。

❹ 加入想要熬煮的食材，像是蘿蔔、竹筍、玉米、山藥，待食材煮軟，加鹽調味即可。

POINT!

- 先花30分鐘熬煮湯頭，再放食材入鍋繼續燉煮，會讓湯頭更濃郁、排骨肉更軟嫩。
- 熬煮高湯時，火力大小也要注意。如果水面像我們看到老公那樣心如止水（？），那就代表火太小，排骨味道很難煮出來；如果水面像我們看到金秀賢那樣太激動澎湃也不行，代表火太大，湯很容易燒乾。讓湯維持在初戀時小鹿亂撞的程度，水面啵啵啵有小滾泡泡的狀態最剛好，請大家閉眼回想體會一下。

雞湯

我是用切塊的帶骨雞腿來熬雞湯，至於製作雞湯的方法，會視情況分成兩種：清甜雞湯類與重香氣的雞湯，方法略有不同，先說明清甜的雞湯。

清甜雞湯類

山藥雞湯、紅棗蘿蔔雞湯、竹筍雞湯等

製作方法

❶ 於鍋中加入適量冷水，放入 300g 雞腿切塊，開中火煮。

❷ 隨著水滾，雜質與血水遭逼出，湯會開始有很多浮沫。此時便可關火，將鍋中的水倒掉，並用撈網把雞肉接住，用水將沾附在雞肉上的雜質沖洗乾淨。

❸ 再起一鍋水（水量約 1000 ml，看食材量自行增減），將洗淨的雞肉及其他要一起燉煮的食材（蘿蔔、竹筍、玉米、山藥）放入，水滾後轉中小火熬煮，過程中若有產生新的浮沫，要再撈起，湯頭才會清澈。

❹ 待雞湯表層浮一層雞油（代表雞肉已被煮透）、食材煮軟，加適量鹽調味即可。

POINT!

- 雞肉分很多種，肉質軟硬皆不同，放山雞、土雞就比白肉雞有嚼勁許多，燉煮方式跟時間略有不同。
- 放山雞、土雞可以參考排骨湯的製作方式，先花30分鐘把雞湯基底燉好，再下其他食材，才不會食材都燉爛了，雞肉還沒嫩。
- 如果是白肉雞（如我慣用的舒康雞），肉比較嫩，若先燉30分鐘再下食材，等食材煮軟時，雞肉反而會煮過頭散散的，就會建議雞肉跟食材一次全下，同步燉煮。

沒空熬雞湯時，我也會用現成的高湯來製作。

重香氣的雞湯

剝皮辣椒雞湯、麻油雞等

製作方法

要讓這類雞湯更好喝的訣竅，是將雞肉先入鍋與辛香料（最基本是薑）爆香炒過。雞肉煸過再加水燉煮的湯頭，會比只汆燙的香濃許多，請務必試試。

詳細步驟我會於相關食譜中註明，這邊主要是想讓大家理解為什麼有些雞湯需要先炒，之後才可以自行變化出其他口味。

海帶芽湯／紫菜湯

我很常煮海帶芽湯／紫菜湯，非常快速方便又營養，特別是若當餐已經很豐盛，只是想喝點熱湯收尾的話，煮一小鍋海帶芽湯／紫菜湯會很剛好。變化方式很多元，加蛋花、豆腐、貢丸或餛飩都可以。海帶芽跟紫菜因為是乾貨，很耐放，非常推薦大家備著，就可以隨時煮得出來。

製作方法

❶ 鍋中加入 400ml 水，煮滾後放入一包日本茅乃舍高湯包（可代購或在蝦皮買到，我習慣用減鹽款，鹹度比較適中），煮約兩分鐘即可將高湯包取出，高湯製作完成。

❷ 加入適量的海帶芽乾或紫菜（紫菜的話需要先用水稍微沖洗）以及其他配料（如蛋花、豆腐、蛤蜊），水再度滾的時候，試一下鹹淡，加鹽調整至喜歡的鹹度，即完成。

POINT!

有些海帶芽有加鹽，使用時可以省略煮日式高湯的步驟，直接將海帶芽放入熱水後煮開。

食材單純的版本

製作方法

像是加豆腐、蛤蜊、海帶芽、小松菜等很簡單的味噌湯，同海帶芽湯的方法，先用茅乃舍煮好高湯，再加入食材，等待食材煮熟，關火調入適量味噌至喜歡的鹹度，即完成。

加肉的版本

製作方法

- 豬肉野菜味噌湯：
  要先炒洋蔥絲，再把豬五花肉片炒熟、蔬菜炒香，接著倒日式高湯至鍋中，待食材煮軟後，再關火調入適量味噌至喜歡的鹹度。
- 鮭魚味噌湯：
  一樣先炒洋蔥，鮭魚需先用熱水淋過或是煎香以去腥。將日式高湯加入鍋中後，再把魚塊放入鍋中燉煮 15 ～ 20 分鐘，待湯的表層浮一層魚油，即可關火調入適量味噌至喜歡的鹹度。

味噌湯

當餐桌主題是日式料理路線時，就很想來碗味噌湯。味噌湯不但營養好喝，煮起來也非常快速，而且可以搭配多種配料，我還看過整本都在講味噌湯的日本食譜呢！我沒有慣用的味噌品牌，都是到進口超市挑個順眼的買，紅味噌或白味噌都行。也順便講一下，如果擔心味噌一大盒吃不完，冷凍保存就可以擺很久～～～久，冷凍狀態還是挖得動喔！

主婦小撇步
01

美味玉子燒基本功

當餐桌主題偏日式風格時，玉子燒是我很常做來搭配的雞蛋料理，這本書有出現幾個不同的口味，但製作方式都是一樣的，差別只是要不要在蛋液中混入其他食材。為了節省食譜版面空間，我在此一次說明做法，需要時隨時可以回來複習喔！

玉子燒關鍵
技巧看這裡！

食材

- 雞蛋 3 顆
- 日式高湯 50ml

調味料

- 醬油 1 小匙、砂糖 1 小匙（或蜂蜜 2 小匙）

＊將以上食材及調味料打勻後備用。

作法

1. 於玉子燒鍋加入適量油，用筷子夾一小段餐巾紙，把鍋子抹一輪，將多餘的油吸起，並另用一個小碗暫時擱置吸了油的餐巾紙。
2. 倒第一層蛋液（均勻鋪滿鍋子的量即可，不要過厚）。以中小火煎，過程中若蛋液表層起泡鼓起，用筷子將泡泡戳破，確保蛋液維持平整。
3. 第一層蛋液熟之後，用筷子或玉子燒鍋鏟，將蛋皮由上往下捲至底端。
4. 將蛋捲推至頂端，用筷子夾起餐巾紙，擦拭鍋子補油，再下一層蛋液，並用筷子將蛋捲底部微微抬起，讓蛋液流入蛋捲下面。
5. 待蛋液熟後，繼續往下捲成型，再往上推，補油，下第三次的蛋液。此步驟重複四～五次，即可把蛋液用完，玉子燒完成。

輯　2

臨時抱佛腳瞬間就上菜

——feat. 全職主婦的中年危機

這一篇要分享備料簡單、可快速烹調的快炒食譜，
再搭配烤箱與電鍋來分散加熱，
就能大大縮短出菜時間。

全職主婦的中年危機

我是三十二歲生哥哥，三十七歲生弟弟，兄弟倆又都是年尾出生的小孩，要超過三歲半才能進小班，所以我不知不覺花了將近十年在家帶小孩，是我這輩子做過最久的「工作」。

其實日子在過的當下，並不會覺得漫長難熬，畢竟小孩一直在長大，我肯定也有在日復一日的育兒生活中，找到其中的樂趣與成就感，才能持續做下去。

但不得不說，當我終於把弟弟送進幼兒園，雙手握拳覺得接下來有好多事想做呀！緊接著襲擊而來的，卻是一種很深的不安感。

因為我赫然發現，我不過專心帶孩子幾年，怎麼一回神

比起嚮往成功我更害怕失敗，

但比起失敗，

我大概更不能接受從未努力過的自己。

已經年過四十一了！有種忙了好久好久，好不容易能撥一點重心回自己身上卻恍如隔世的感覺，帶給我很大的衝擊與失落感。

四十歲對女人絕對是很有感的一個崁。以前覺得嘴唇乾乾，用舌頭舔一下就恢復紅潤，擦個護唇膏就像畫淡妝一樣。而現在，我就算猛擦護唇膏，氣色還是暗沉，一定要出動口紅才能讓自己看起來比較有精神。東西靠太近時會不自覺把頭往後仰，因為上面的字有點看不清楚。臉上的斑明顯變深了，自帶膠原蛋白的膨潤臉頰漸漸凹陷，雙手則因為做家事多年，有著擦再多護手霜也撫平不了的細紋。身材更不用說了，當媽後基本上沒顧過。

生理上的殘酷變化就算了，但沒想到，我連心理素質也變低落。

哥哥八個月大時，我開始用林姓主婦的身分分享食譜，意外展開全職媽媽的斜槓人生，成為所謂的自由工作者。

多虧這個分身，我雖然待在家帶孩子，但還能維持一定的工作量。所以當弟弟去上學，我滿腦子雄心壯志的計畫，覺得自己終於有完整的時間可以工作，當然要讓林姓主婦有更多發揮空間啊！

然後，就想到我已經四十多歲了，登愣！曾經熊熊燃燒的那股烈火，突然被澆熄到只剩一陣白煙，讓人望著只感到唏噓。

「如果我在這個年紀，做了新的嘗試卻失敗，幾年過去就變五十歲了怎麼辦，到時候我要如何找到新的方向再站起來？」

一旦腦海出現這些念頭，我就變得很膽小。

比起嚮往成功，我更害怕失敗，
覺得曾有的野心大概都是自己想太多。
但什麼都不做，又讓我心有不甘，
現在不做，以後不就更沒機會做？

這個警覺我也是有的。

對我而言全職媽媽的生活並不難熬，
陪孩子成長，充滿樂趣與成就感。

別想太多，

先跨出去再說吧。

於是我卡在一個不上不下的位置，找不到義無反顧往前衝的勇氣，也安頓不了很怕自己終究毫無進展的擔憂。後來我明白了，這就是所謂的「中年危機」吧！之所以會有中年危機，我認為是歲月給我們的容錯空間變小了，沒有年輕時的餘裕能隨心所欲地嘗試新事物。

加上進入中年後的多重身分，我們不再能只為自己打算，做事瞻前顧後，多了許多顧忌。假使真的賭一把想改變，則很有可能是最後一役，要有不成功便成仁的覺悟，讓人充滿焦慮。

而這份焦慮，對於全職主婦而言甚至更有感、更殘酷。上班族遇到中年危機，跨不出去大不了就留在原崗位繼續奮戰，至少也是個選擇，但對於為了家庭已經把職涯發展放下的全職媽媽來說，如果小孩大了還想出去闖一闖，可說是沒有退路，衝失敗就是變炮灰，只能摸摸鼻子轉身回家，獨自面對價值感低落的自己。

總之我就這樣胡思亂想了好幾個月，對於自己究竟要往前跨，做些新的嘗試？還是要繼續龜在舒適圈、少做少錯？依舊沒什麼結論。

有天去菜市場買菜，熟悉的菜販老闆是個非常有活力的伯伯，少說六十五歲了。有位客人跟老闆說，她已經五十二歲很老了，老闆聽了大笑，用宏亮的聲音說：「如果我現在五十二歲，我還想再去創業呢！」

在一旁挑蔬菜的我，笑了。糾結很久的事，有時會突然被救贖。

我想這是老天爺發送給我的一個訊號，叫我深呼吸，別想太多，先跨出去再說。

確實，比起嚮往成功我更害怕失敗，

但比起失敗，

我大概更不能接受從未努力過的自己。

我要跨出去。我會跨出去。

PLAN 1

光速上菜你可以！

清爽無負擔的一桌菜，讓人一吃再吃也不膩。

今日菜單

- 蒜香蒸豬五花高麗菜
- 香煎虱目魚肚
- 醬燒豆腐
- 蒜炒小芥菜
- 海帶芽貢丸蛋花湯

有天叫弟弟起床時，忍不住把臉湊過去他脖子旁磨蹭，覺得暖呼呼的好舒服，蹭的時候不自覺蹦出「弟弟一陣子沒發燒了耶」的念頭。閃過的當下我真的是很想狂賞自己巴掌，莫非定律的恐怖我還會不知道嗎？

沒過多久，我又不小心閃過「好久沒有跟弟弟瞎混一整天了」的念頭。You know what? 結果弟弟隔天就發燒請假了，真是兩個願望一次滿足（不要用在這種時候！）

還好燒很快退，就讓他陪我去Costco，他老練地坐在推車裡當採購總指揮，買完後又去他愛的餐廳，吃飽再陪我去文具行，反正就是瞎忙大半天，才回家睡午覺。

就這樣，成立三年多單飛不解散的無所事事二人組，在弟弟病假日久違地再度合體，短暫回到平凡又熟悉的母子日常，度過了充滿粉紅泡泡的一天，雖然很開心，但還是不可以太常感冒啦（嚴正聲明）。

主婦流備餐戰略

用蒸的手法製作豬五花高麗菜，是我看到日本主婦分享才有的靈感。一開始我也半信半疑，實際上做了一遍，才發現確實很快就熟，一滴水都沒加，鍋底也沒燒焦，因為高麗菜會出水呀！調個蒜泥白肉的醬汁淋在鍋中，香到不行。在 IG 跟素未謀面的日本主婦取經，再轉化成台式家常口味，真是讓我很得意呢！趕到不行的時候，這套菜很給力呦！

❶ 先煎豆腐，可利用等翻面的時間，用另一鍋炒小芥菜。

❷ 前兩道完成後，開始製作蒜香蒸豬五花高麗菜。

❸ 等候豬肉燜煮時，將虱目魚肚放入鍋中以中火煎至表層金黃。

❹ 最後煮海帶湯。

蒜香蒸豬五花高麗菜

食材

- 高麗菜 ¼ 顆，洗淨剝小片備用
- 豬五花薄片 200 g，切長段備用

調味料

- 醬油 1 大匙
- 白醋 1 大匙
- 香油 1 小匙
- 白砂糖 2 小匙
- 紹興酒／花雕酒 1 大匙（提香用，可省略）

作法

❶ 依序將高麗菜與豬五花薄片均勻鋪在鍋中，淋 1 大匙紹興酒／花雕酒（可省略）。

❷ 蓋上鍋蓋，以小火燜煮 7 ～ 10 分鐘，至肉片熟透。

❸ 將前四項調味料混合均勻，淋在肉片上，即完成。

香煎虱目魚肚

作法

熱鍋後，無需加油，直接魚肚朝下放入鍋子乾煎至恰恰，再翻面讓魚皮也煎到金黃，即完成。可依個人口味撒點鹽巴跟胡椒，擠點檸檬汁也很搭。

蒜炒小芥菜

海帶芽貢丸蛋花湯

醬燒豆腐

食材

- 中華雞蛋豆腐 1 盒，切成八片備用。

調味料

- 白砂糖 1 小匙
- 醬油 2 小匙
- 水 1 大匙

作法

❶ 以少許油熱鍋後，加入雞蛋豆腐以中火煎至兩面金黃。

❷ 取一小段餐巾紙，用筷子夾住，將鍋中多餘的油吸乾，接著加入調味料。待豆腐吸附醬汁，即完成。

PLAN 2

肉捲料理新變化

鹹甜軟嫩又吃得到淡淡豆腐香，小孩必愛！

今日菜單

- 豆腐肉捲
- 香煎紅鮒魚排
- 小松菜炒甜不辣
- 培根甜豆炒玉米筍
- 和風洋蔥蛋花湯

深夜隨手翻了一下哥哥的聯絡簿，意外發現一張給我的紙條。原來是前一陣子班親會老師請小朋友寫的，當天我陰錯陽差沒看到，才會輾轉以彩蛋之姿驚喜現身。哥哥在紙上寫著「媽媽，謝謝您天天幫我複習、煮飯，讓我如此幸福，並給我那麼多的溫暖與快樂，希望您能和我永遠在一起。」看到瞬間哽咽，特別是最後一句。

很多人說男孩不貼心，覺得我沒生到女兒真是可惜了，但如果我沒有早起幫哥哥做早餐，他上學前一定會到床上抱抱我，還會把最心愛的娃娃留在枕邊陪我；我開車送弟弟去阿嬤家時隨口說車上口香糖吃完了，他一定拉著阿嬤去幫我買；有時我白天吃多了，晚餐沒準備自己的份，兄弟倆開口大吃前一定會發現，問馬麻要吃什麼？搶著要分我，怕我餓到。這就是小男孩的貼心，而我，愛得很。

主婦流備餐戰略

我很愛做肉捲料理，隨便包個玉米筍、青蔥，小孩就覺得好好吃，而且一捲一捲的很好入口，小小孩甚至直接用手抓起來吃也可以，不用擔心掉得到處都是。如果家裡剛好沒有合適的蔬菜，改包豆腐也可以呦！鹹甜鹹甜又吃得到淡淡豆腐香，口感軟嫩細緻，一家老小都會吃得很開心！主菜②煎個魚排或是做蒸魚，就可用最輕鬆不費力的方式把肉量補齊。和風洋蔥蛋花湯也是道非常推薦的簡單湯品，炒過的洋蔥變得很甜，打個蛋再撒點黑胡椒，喝起來沒什麼負擔又很滿足，很適合喝不完一整鍋湯的小家庭。忙碌的夜晚很想來碗熱湯的話，試試這道吧！

❶ 先炒洋蔥，利用等洋蔥炒軟的空檔，將豆腐包進肉片裡。
❷ 將肉捲入鍋以中小火煎時，另一鍋可同時炒甜豆、玉米筍與培根。
❸ 洋蔥炒軟後，加水跟高湯包入鍋熬煮。
❹ 以中小火煎魚時，另一鍋可同時炒甜不辣與小松菜。
❺ 打蛋花至洋蔥高湯中，即完成。

豆腐肉捲

食材

- 薄切梅花豬肉片200g
- 中華鹽滷豆腐1小盒或板豆腐2塊，切成長條狀備用（我買的是中華鹽滷豆腐，一組2小盒，一次用1小盒很剛好。也可以換板豆腐或木棉豆腐）。

調味料

- 醬油1又½大匙
- 味醂1大匙
- 白砂糖1小匙
- 水50 ml

作法

❶ 將豆腐條包進薄切梅花肉片後捲起，以少許油熱鍋，將肉捲接縫處朝下用中小火煎。若有剩的豆腐也可一起放入鍋中煎。

❷ 待肉捲每一面都煎熟後，淋上醬油、味醂、白砂糖跟水，此時需不時翻動肉捲，讓醬汁均勻吸附，等醬汁變濃稠，肉捲上色入味後，即完成。

小松菜炒甜不辣

作法

將甜不辣以中小火煎至恰恰後，於同一鍋加入小松菜及蒜末拌炒至熟，起鍋前加鹽調味，即完成。

和風洋蔥蛋花湯

作法

❶ 將 ½ 顆洋蔥切絲後，以中小火拌炒至焦黃。

❷ 加入水約 500 ～ 600ml，水滾後加入日式高湯包煮 5 分鐘，再將高湯包取出。

❸ 打入蛋液（1 ～ 2 顆），最後以適量鹽巴跟黑胡椒調味，即完成。

香煎紅魽魚排

培根甜豆炒玉米筍

PLAN 3

酸甜口味小孩最愛

蛋白質滿滿的下飯菜，帶便當也超適合。

今日菜單

- 茄汁毛豆玉米雞絞肉
- 椒鹽檸檬烤鮭魚
- 梅汁涼拌秋葵
- 蒜炒高麗菜
- 榨菜冬粉蛋花湯

哥哥跟弟弟差整整五歲。哥哥三、四歲時，我很常被路人說：「不生老二嗎？隔那麼久還不生，以後會玩不起來啦！」我聽了也只能笑笑（好吧可能沒有笑）。

隔五年再生老二，是因為我都自己帶，寧可等哥哥上學後再生，我的生活才可以少些混亂，這是我深思熟慮後的決定。如今五年過去了，我真的很喜歡兄弟倆的年齡差。

此刻哥哥小四，更為成熟獨立，讓我少操心很多，而中班的弟弟則活潑可愛，一舉一動都像可愛寵物（？）逗樂我們。正因為他們差五歲，我才可以一次享受孩子兩個不同階段的模樣，這對我們家來說，是最完美的組合。

我相信不同年紀差的手足，都有屬於他們的緣分，在父母眼中有專屬他們的可愛，所以婆婆媽媽們真的是不用操這種心了，等我們準備好再生，才是最好的安排。

主婦流備餐戰略

茄汁毛豆玉米雞絞肉，除了要切一點洋蔥丁外，其餘食材都不用動刀，是趕時間時很好的選擇。加了番茄醬的酸甜口味，讓小朋友大愛，做便當菜非常合適。椒鹽檸檬鮭魚是直接買醃好的不老鮭菲力，用小烤箱烤一烤就能吃，買原味的鮭魚排，自行撒鹽跟擠點檸檬汁也行。秋葵則可以前一晚先做起來冰著，沾自製的梅子醬油很爽口喔！

❶ 秋葵燙熟後冰鎮，冬粉放在熱水中泡軟剪小段。
❷ 烤鮭魚的同時，另起一鍋炒高麗菜。
❸ 調製秋葵醬汁。
❹ 製作茄汁毛豆玉米雞絞肉，並利用拌炒的空檔煮湯。

茄汁毛豆玉米雞絞肉

食材

- 雞腿或雞胸絞肉 200g
- 洋蔥¼顆，切細丁備用
- 玉米粒½碗（份量隨意）
- 冷凍毛豆仁½碗（份量隨意）

調味料

- 醬油1大匙
- 味醂1大匙
- 番茄醬1大匙

作法

1. 以少許油熱鍋後，加入洋蔥丁爆香。
2. 加入雞絞肉炒至熟，接著放入毛豆與玉米粒拌炒至毛豆仁熱透（我都買冷凍毛豆仁，本身已熟，復熱即可）。
3. 加入所有調味料，與食材拌炒均勻，即完成。

梅汁涼拌秋葵

作法

1. 在砧板上撒1把鹽，放上秋葵，用手壓著滾一滾以去除表層細毛，接著清洗秋葵，同時將蒂頭稜角的外皮以刀削除。
2. 放入熱水中煮3分鐘，起鍋後放入冰水中冰鎮。
3. 淋上梅汁醬油即完成（1大匙醃梅糖水＋1大匙醬油＋1大匙味醂，也可切些梅肉配著吃）。

＊醃梅糖水：市售醃梅子罐裡的糖水皆可用來製作，我比較常使用紫蘇梅。
＊這道菜前一晚先做好，更省事。

榨菜冬粉蛋花湯

作法

1. 將1球冬粉用熱水泡軟剪小段備用。鍋中以少許香油爆香後，加入1大匙榨菜略作拌炒（我是使用日本桃屋的榨菜罐頭，才可以一次少量取用）。
2. 加入蒜末爆香，將適量熱水倒入鍋中，接著將冬粉瀝乾放入。
3. 水滾後，打入1顆蛋花，以少許鹽巴及醬油調至喜歡的鹹度，即完成。

椒鹽檸檬烤鮭魚

蒜炒高麗菜

向蒙古烤肉致敬

最完美的清冰箱料理，小家庭吃這道就夠。

今日菜單

- 野菜炒豬肉
- 香煎花枝蝦排
- 玉米茶碗蒸
- 培根櫛瓜玉米筍炒鮮菇
- 紫菜魩仔魚蛋花湯

弟弟小時候講話有點臭拎呆，主要是ㄍ的音發不太出來，像是會把哥哥叫成得得，阿公叫成阿東，姑姑叫成嘟嘟。當下我不免有點小擔心，但跟媽媽好友們聊，發現朋友們的小孩有好幾個小時候也這樣過，多數的小朋友有天會自己突然好，就算大一點還是發不出來，語言治療也很快就可以改善，心裡有個譜後，就比較放心了。

果然在弟弟兩歲多時，開始抓到發音的訣竅，幾天之內就自己糾正回來。唯獨一個詞，弟弟還是會講錯，就是把打嗝講成打鵝。因為聽起來實在有點可愛，而且知道他不是發不出來那個音，我就順其自然。

一直到四歲半，我注意到他似乎開始會講打嗝了，而我竟然有點失落，想著這下連打鵝都即將失傳，也代表弟弟，離長大又更近一步了。

主婦流備餐戰略

有時蔬菜會什麼都剩一點，想起小時候很愛吃的蒙古烤肉，就覺得全都喇在一起炒似乎很可以，做了幾次，從此變成我最愛的清冰箱料理，甚至會為了吃這道，在那幾天刻意留一些食材，像是 ¼ 顆高麗菜、半根紅蘿蔔、3 根蔥。

雖然大致是運用剩餘食材，但我一定會特別去買豆芽菜來配，因為我就是覺得蒙古烤肉一定要有豆芽菜！這樣炒出來真的是有夠美味，有好幾種蔬菜又有肉，小家庭吃這道再配個湯就很夠了！

❶ 先製作茶碗蒸，蒸的時間約 20 ～ 25 分鐘。

❷ 接著炒培根櫛瓜玉米筍炒鮮菇。

❸ 煎花枝蝦排，另起一鍋炒野菜炒豬肉。

❹ 最後煮湯。

野菜炒豬肉

食材

- 薄切梅花豬肉片 200g，以 2 小匙醬油抓醃
- 高麗菜 ¼ 顆，剝小片備用（份量自行斟酌）
- 紅蘿蔔 ½ 根，切片備用
- 豆芽菜 1 大把
- 蔥 2 ～ 3 根，切段備用
- 蒜頭 2 顆，切片備用

調味料

- 醬油 1 小匙（醃肉份量外）
- 鹽巴、黑胡椒適量

作法

1. 以適量香油熱鍋後，加入豬肉片拌炒至熟。
2. 加入高麗菜及紅蘿蔔片拌炒至軟。
3. 加入豆芽菜、蔥段及蒜片拌炒。
4. 加入 1 小匙醬油與 ½ 小匙白砂糖，鹹度可憑個人喜好加鹽補上，最後撒點黑胡椒，即完成。

香煎花枝蝦排

（冷凍調理品，也可氣炸）

培根櫛瓜玉米筍炒鮮菇

作法

❶ 熱鍋後，將2片切小段的培根放入鍋中乾煎以逼出油脂，若覺得油偏少再補油。

❷ 加入櫛瓜切塊、玉米筍及新鮮香菇切塊，拌炒至蔬菜變軟熟透。

❸ 最後加1小匙蒜末爆香，再以少許鹽跟黑胡椒調味，即完成。

作法

❶ 3顆蛋兌300ml日式柴魚高湯，加上1小匙醬油與1小匙味醂攪拌均勻。

❷ 於豬口杯中加入適量玉米粒，將蛋液以濾網過篩倒入，若表層有泡泡可用湯勺撈起。

❸ 用鋁箔紙或耐熱保鮮膜將杯口封住，放入電鍋以1杯水蒸熟，即完成。

紫菜魩仔魚蛋花湯

作法

❶ 加入水約500～600ml，水滾後加入日式高湯包煮2分鐘後取出。

❷ 將1小把紫菜以水沖洗過後，放入高湯中，接著加入約100g的魩仔魚。

❸ 待湯再次煮滾後，打入蛋花，最後以適量鹽調味即完成。

PLAN
5

速度就贏在起跑點

紅紅綠綠又黃黃的豐盛一桌菜，營養又美味。

今日菜單

- 甜椒櫛瓜味噌豬五花
- 蒜香魩仔魚蒸蛋
- 塔香野菇炒玉米筍
- 蒜炒小白菜
- 娃娃菜豆腐雞湯

寫這篇的隔天，我正要跟好友去東京玩四天三夜，期間弟弟會丟包婆家，老公只要接手哥哥下課後的時間就好。

雖然早做好安排，但對於能拋夫棄子去東京，仍感到很不真實，甚至在出國前兩週陷入焦慮，因為腸病毒跟流感大流行，如果他們偏偏在我出國前生病怎麼辦？

果然，在出國前一週，哥哥發燒了，即便只是偶爾咳兩下，卻斷斷續續燒五天。幾天後，去接弟弟放學時，明明活蹦亂跳的，一看到我卻大喊喉嚨痛，我心想天啊弟弟接棒了嗎？結果醫生檢查說沒發炎，但會不會是因為媽媽要出國了，有什麼心理上的狀況就不好說了，講完與我心照不宣一起苦笑。

我看著眼前活力充沛、一直唱歌卻堅稱喉嚨痛的小男孩，心裡又苦又甜。我明白了，有了你們之後，我旅行註定帶著牽掛。

主婦流備餐戰略

這桌菜在速度上註定贏在起跑點，光是蒸蛋，就幫我們爭取至少 20 分鐘去忙別道菜。豬五花肉片也可以提前醃好冰起來甚至冷凍，就可省下抓醃的時間，另外搭配不需要細膩刀工的食材，讓我在煮這桌菜時真的是覺得滿輕鬆的呢！每道都很好吃又營養，趕時間時可以試試看這個組合喔！

❶ 製作魩仔魚蒸蛋。
❷ 利用蒸蛋的時間，開始炒小白菜及塔香野菇炒玉米筍。
❸ 炒甜椒及櫛瓜，利用等其炒軟的時間，在湯鍋中將娃娃菜略炒一下，製作湯品。
❹ 最後將五花肉片放入鍋中炒熟即成。

甜椒櫛瓜味噌豬五花

食材

- 薄切豬五花肉片 200g
- 甜椒 1 顆，切小塊備用
- 櫛瓜 1 根，切小塊備用

調味料

- 味噌 1 大匙
- 味醂 1 大匙
- 清酒或米酒 1 大匙
- 白砂糖 1 小匙

作法

❶ 將調味料混合均勻後，與豬五花肉片抓勻，可提前醃著冰冷藏或冷凍。

❷ 以少許油熱鍋後，加入甜椒與櫛瓜拌炒至熟，撒少許鹽調味。

❸ 將豬五花肉片放入鍋中拌炒至熟，即完成。

蒜炒小白菜

蒜香魩仔魚蒸蛋

作法

❶ 將3顆蛋、300ml水及2小匙醬油一起打成蛋液。

❷ 於容器中放入50g新合發無鹽魩仔魚及1小匙蒜末。

❸ 將蛋液透過濾網過篩倒入容器中，若表層有浮沫可拿湯匙撈掉，用鋁箔紙或耐熱保鮮膜將容器包起，放入電鍋以1杯水蒸熟，即完成。

塔香野菇炒玉米筍

作法

❶ 將適量菇類（香菇、杏鮑菇、鴻禧菇、金針菇皆可）切成適口大小，玉米筍切小段。

❷ 以少許油熱鍋後，加入所有食材翻炒至軟，最後放入九層塔及1小匙蒜末（也可放點辣椒），並以1大匙蠔油調味，若鹹度仍不夠，再補少許鹽巴即可。

娃娃菜豆腐雞湯

作法

❶ 以少許香油熱鍋，加入娃娃菜拌炒至軟。

❷ 再加入清高湯300ml，可以視情況補100～200ml的水，放入嫩豆腐，待娃娃菜煮軟，以適量鹽調味，即完成。

靠洋蔥HOLD住整場

可以簡單何必複雜，畢竟這樣就好好吃了呀！

今日菜單

- 洋蔥炒豬肉
- 香煎赤鯮
- 番茄炒蛋
- 蒜炒莧菜
- 豆腐蔥雞湯

哥哥三上時參加了學校的烹飪社團，上得意外投入，每週都會小心翼翼把他做的料理帶回家與我們分享，而且還真的學會不少基本的烹飪手法。看他的料理之路似乎小小被啟蒙，偶爾我會邊吃晚餐，邊口頭跟他講一下某道菜大概怎麼煮，加減紙上談兵一下。

今晚兄弟倆很陶醉地吃著洋蔥炒豬肉，我跟哥哥說，這道他以後一定會做，因為只要把洋蔥炒軟，把豬肉片炒熟，最後用醬油跟味醂調味就好。他聽了也覺得應該沒問題，還問我會不會把這道料理放進食譜書裡，以後他才可以看。

說起來，寫食譜書時，我有種在撒麵包屑給兄弟倆的感覺，盼望著當他們長大離家後，照著食譜就能找到媽媽的味道，這樣不管他們身在何處，也會覺得家沒那麼遙遠了吧（老母寫到哭粗乃）。

主婦流備餐戰略

這桌菜備起來很快，唯一需要一點時間的，就是炒洋蔥絲了。但因為料理步驟是先把洋蔥炒軟，才接著炒豬肉跟調味，所以可以找空檔，提前把炒洋蔥的步驟單獨拉出來做好備著，或是先用一杯水把洋蔥絲蒸軟再炒，就可以用更快的速度把洋蔥炒香甜喔！經常需要趕著上菜的話，不妨把這兩招學起來吧～

❶ 先炒洋蔥，利用炒洋蔥的時間，另一鍋炒番茄炒蛋。

❷ 接著炒莧菜與煎魚。

❸ 將豬肉片放進鍋中，與洋蔥一起拌炒後再調味，即完成。

❹ 最後煮湯。

洋蔥炒豬肉

食材

- 洋蔥1顆，逆紋切成細條備用
- 薄切梅花肉片200g

調味料

- 醬油1大匙
- 味醂1大匙

作法

❶ 以少許油熱鍋，加入洋蔥絲，中小火炒至金黃色。

❷ 加入薄切梅花肉片炒至熟。

❸ 加入醬油與味醂，讓醬汁與肉片拌炒均勻，即完成，也可以撒點黑胡椒提味。

豆腐蔥雞湯

作法

將 300ml 清雞湯加熱後，放入 1 大把蔥花與豆腐，可視情況補水讓份量多一些，待蔥花煮軟，加點鹽與白胡椒調味，即完成。

香煎赤鯮

蒜炒莧菜

番茄炒蛋

作法

❶ 將蔥花加入 3 顆蛋中打散，待油熱之後，倒入蛋液炒至八分熟即先起鍋。

❷ 將 1 顆牛番茄切成小塊後，同一鍋補點油，將番茄放入鍋中炒至軟。

❸ 將炒蛋倒回鍋中，加入調味料（2 大匙番茄醬、1 小匙醬油、1 小匙白砂糖），待醬料與食材拌炒均勻，即完成。

PLAN 7

一做就博得滿堂彩

帶有豆瓣醬鹹香的小黃瓜肉末，清脆又下飯！

今日菜單

- 小黃瓜炒肉末
- 烤挪威鹽漬鯖魚
- 乾煎生豆皮佐大蒜黑醋醬油
- 高湯娃娃菜
- 絲瓜雞湯（湯底使用清高湯）

弟弟是跟疫情同梯的孩子，老二行程又容易遷就老大，相較於哥哥小時候，我比較少帶弟弟上各式各樣的才藝課，心有餘而力不足，多少讓我對他有些愧疚。

還好弟弟四歲後，終於熬過小書僮階段，很多課他也可以上了，週末變成兄弟倆開開心心去同一個教室，弟弟上初階班，哥哥上進階班。

哥哥愛做的事，弟弟也能踮起腳一起學，讓他好有成就感，覺得自己長大了。雖然以前錯過一些，但現在一次跟上，有的甚至比哥哥當年早接觸，哥哥還能陪著他邊學邊玩，這是身為弟弟的幸福。

看著兄弟倆一路成長我才明白，做父母的不用自責或是操心太多，盡力就好，因為每個孩子，都有自己的福氣。

主婦流備餐戰略

帶有豆瓣醬鹹甜的小黃瓜炒肉末，口感清脆又下飯，第一次做就獲得全家的滿堂彩！另外再搭烤鯖魚，輕鬆把肉量補上。香煎生豆皮外酥內軟，一咬下去充滿豆香，沾點大蒜黑醋醬油提味就好吃極了。利用現成的清高湯作為湯底，搭配易熟的絲瓜，清甜的絲瓜雞湯很快就搞定！

❶ 先烤鯖魚，需約 20 分鐘。

❷ 炒絞肉與小黃瓜。

❸ 等候小黃瓜煮軟的同時（約 6 ～ 8 分鐘），用另一爐炒娃娃菜。娃娃菜炒好、小黃瓜煮軟入味，即可上桌。

❹ 絲瓜放入湯鍋中拌炒幾下，加入舒康雞清高湯燜煮。

❺ 等絲瓜燜煮時，另起一鍋煎生豆皮。

小黃瓜炒肉末

食材

- 小黃瓜3根，滾刀隨意切成塊狀，若趕時間，可切小塊一些，縮短煨煮的時間
- 豬絞肉200g
- 蒜頭1~2瓣，切成蒜末

調味料

- 豆瓣醬（不辣的）2大匙
- 醬油1小匙
- 白砂糖1小匙

其他

- 水約90ml（隨意裝約½米杯）

作法

❶ 以香油熱鍋，加入豬絞肉拌炒至熟。

❷ 加入蒜末爆香至香氣出來。加入豆瓣醬、醬油、砂糖，繼續肉拌炒。

❸ 加入小黃瓜，與豬絞肉略作拌炒後，加入½米杯的水，以小火煨煮。

❹ 待小黃瓜煮軟入味，即完成。

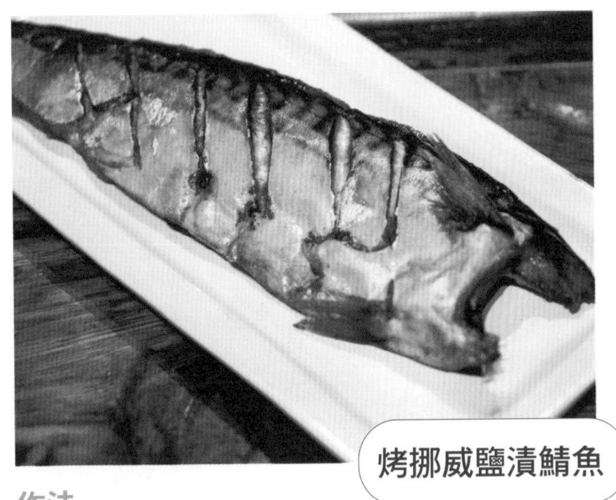

烤挪威鹽漬鯖魚

作法

鹽漬鯖魚退冰後放入小烤箱，200 度烤 20 分鐘（請依烤箱火力自行斟酌調整），即完成。

高湯娃娃菜

乾煎生豆皮佐大蒜黑醋醬油

作法

將生豆皮以適量油煎到兩面恰恰，即可起鍋切成長條狀，沾自製大蒜黑醋醬油（黑醋與醬油的比例約 2：1）食用。

絲瓜雞湯

光吃這盤就夠滿足

黃綠紅的大滿貫料理，蔬菜量跟肉量都很足！

- 蘆筍甜椒鳳梨炒嫩雞
- 香煎鮭魚
- 茭白筍炒蛋
- 蒜炒水耕 A 菜
- 薑絲蛤蜊湯

有天接哥哥回家後，跟鄰居一起搭電梯，個子最小的弟弟擠在人群之中，轉身想要抱哥哥，卻不小心抱到身形相仿的鄰居小哥哥。

發現抱錯人後，他一臉害羞移去哥哥前面，哥哥見狀便雙手環抱弟弟，兄弟倆用一種「你的哥哥在這裡啦！」「這才是我哥哥啦！」的表情靦腆笑著，彷彿在彼此身上找到歸屬感。全程不到幾秒，我卻很享受眼前這個畫面。

這種年紀的手足之情，其實不好顯現，因為更多時候都在吵吵鬧鬧。但就是會在很細微的瞬間，他們會突然感受到，你不是別人，你是我手足。

想起某集櫻桃小丸子。總覺得小丸子很煩的姊姊，在看見小丸子被狗追時，奮不顧身拿起掃把趕狗。即便怕得要死，她也要保護妹妹。

我們家哥哥，肯定也會這樣做的。

主婦流備餐戰略

蘆筍甜椒炒嫩雞，在我們家是大滿貫料理，蔬菜量跟肉量都很足，對小家庭來說，光吃這盤就夠滿足了。如果家裡正好有鳳梨，我還會切幾片丟進去，湊滿黃綠紅，或是用鳳梨罐頭也可以，加點罐頭的糖水甚至會讓這道菜更好吃。我通常是用雞胸肉片炒，但也可以改用雞腿肉、里肌肉、豬肉片或是牛肉片喔！

❶ 先炒蛋，炒好先起鍋。

❷ 接著炒茭白筍，趁其燜軟時另起一鍋炒 A 菜。待茭白筍燜軟後，將步驟❶的炒蛋拌入。

❸ 煎魚的同時，開始炒蘆筍甜椒鳳梨炒嫩雞。

❹ 最後煮湯。

蘆筍甜椒鳳梨炒嫩雞

食材

- 雞胸肉片250g
- 蘆筍1把，切段備用
- 甜椒1顆（可酌量使用），切小片備用，可先微波30秒或燙過，讓甜椒較快炒軟
- 蒜頭1～2瓣，切片備用
- 鳳梨數片（份量隨意，可省略）

調味料

- 醬油1大匙 • 鹽適量，依個人口味調整
- 白砂糖½小匙，可用鳳梨罐頭糖水替代

其他

- 太白粉1大匙

作法

1. 雞胸肉片用1大匙醬油與1大匙太白粉抓醃。
2. 以油熱鍋，加入肉片快炒至熟，先起鍋。同一鍋加入蒜片爆香，再加入蘆筍與甜椒炒熟。
3. 將炒熟的雞肉與鳳梨入鍋拌炒，最後以適量鹽及½小匙砂糖（或罐頭糖水），調至喜歡的鹹度，即完成。

茭白筍炒蛋

作法

❶ 將醬油加入2顆蛋中打散，待油熱之後，倒入蛋液炒至八分熟即先起鍋。

❷ 於同一鍋，加入茭白筍稍作拌炒，接著加入約⅓米杯的水，將茭白筍燜炒至軟。

❸ 將炒蛋加回鍋中拌炒，最後以適量鹽或醬油調味，即完成。

薑絲蛤蜊湯

作法

❶ 以適量香油或食用油熱鍋後，加入薑絲及蔥花（約3根的量）爆香。

❷ 加入約100g蛤蜊及米酒（或清酒），將蛤蜊炒至開。

❸ 加入熱水，讓蛤蜊最後滾個幾秒，即完成，可依個人喜好撒點白胡椒提味。

香煎鮭魚

蒜炒水耕A菜

主婦小撇步 02

我家的應急調理常備品

雖然愛煮飯，但我也會有懶到或是忙到必須要靠調理食品，才能順利生出一桌菜的時候。以下是我們家定期回購的調理常備品，不時都會囤幾包，在此不藏私一次介紹給大家喔！

舒康雞十三香雞腿排

討喜的中式口味、不會辣。如果是偏中式的餐桌主題，煎這個當主菜很搭，用烤的也可以。

舒康雞地中海香草醃雞腿

西式的口味，烤、煎或氣炸都可以，如果是西式主題，我就會煎這款當主菜。

舒康雞野菜洋芋雞飽排

兄弟倆從小吃到大，可煎或烤，再加個荷包蛋跟青菜，就是很完整的一餐，也可以夾漢堡或吐司。

究好豬醃肉片（味噌、日式、鹽麴口味）

可以直接煎炒來吃，或是搭配洋蔥、小黃瓜、豆芽菜、高麗菜、櫛瓜、玉米筍等一起炒，變化方式很多。

新興四六一紅燒軟骨肉

肉很軟嫩而且滿多湯汁，拌飯或拌麵皆好吃，小小一包，臨時加菜或是一個人吃都可以。

新興四六一清燉軟骨

雖然是清燉口味，但是肉很入味，湯汁的香氣也很足，拌麵線很讚，撒點白胡椒粉更好吃！

究好豬厚切豬漢堡排

口味偏西式，份量很適合小孩一人完食。獨立的真空包裝，臨時弄一包給小孩吃很方便。

究好豬無骨蒜香豬排

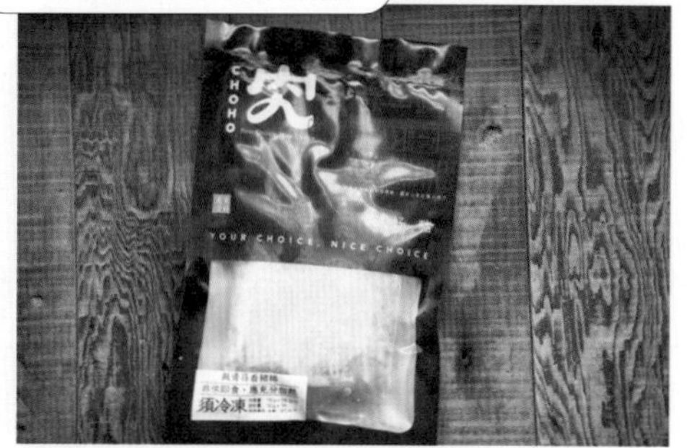

我很愛自己醃豬排，但還是會不時囤幾包醃好的，臨時要出菜或是夾吐司當早餐都很方便。

究好豬滷肉條

由豬五花肉條＋紅蔥頭燉滷而成的手切滷肉飯，是我很喜歡很古早味做法，鹹香又下飯。

Cindy 媽手作窩一夜干

（直接透過粉絲團私訊訂購）回購多年，鹹淡適中，魚肉細嫩，一端上桌當場變日式食堂，我們家要烤兩尾才吃得過癮。

天和四神湯

懶得燉湯時，我很常靠這包出場，料多實在，味道也很道地，2～3 碗的份量一餐喝完很剛好。

Cindy 媽手作窩番茄蔬菜肉丸子

（直接透過粉絲團私訊訂購）肉丸香嫩多汁，番茄醬汁酸甜夠味，拌飯拌義大利麵或是做成焗烤都好吃，小孩很捧場。

金園厚切排骨

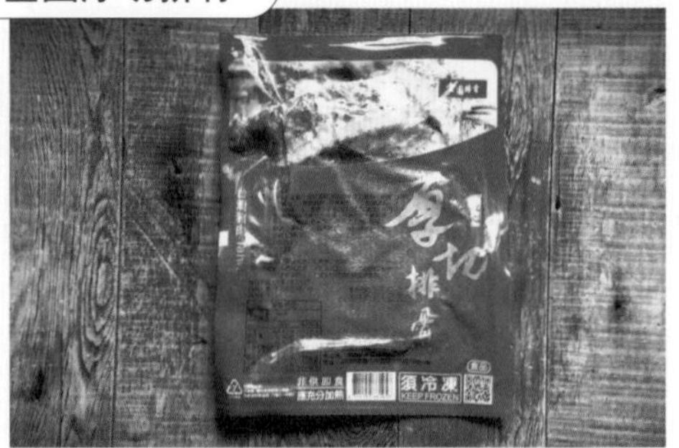

帶有微微甜味的傳統口味，口感軟嫩不柴，在家快速煎一下就可以吃到現做排骨飯，很過癮。

挪威鹽漬鯖魚

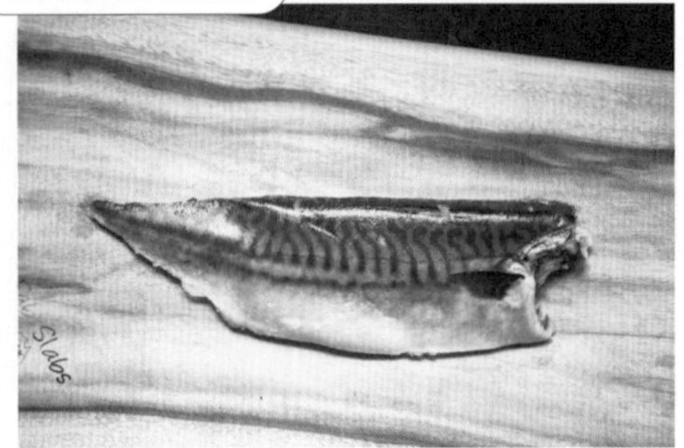

烤一烤就像簡餐料理的方便食材，弄個青菜、煎個玉子燒再配味噌湯，就是完美的一餐。

獅子頭

（無特定品牌）搭白菜、娃娃菜或高麗菜，加高湯燉煮一下，就能端出餐廳般的大菜，加點豆腐、冬粉更讚！

真空包沙拉筍

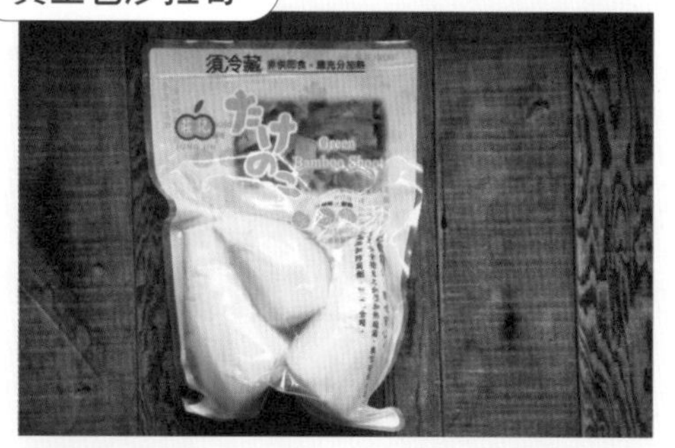

真空包沙拉筍四季都可以在超市買到，吃冷盤、切塊跟肉類一起燉滷或是炒肉絲都很好吃。

桃屋蒜頭醬

用完必買，若只需要用到一點蒜末，就不用動手切，直接挖一匙就搞定。書中食譜所用的蒜末，基本上都是用桃屋蒜頭醬。

茅乃舍減鹽日式高湯包

這是我必囤的乾貨食材之一。一包高湯包兌 400ml 的水，煮兩分鐘即可，方便至極，也可整袋撕開作調味料，蝦皮就有賣。

盛和風花枝蝦排

當主菜肉量夠多，但又想讓餐桌看起來更豐富時，這款花枝蝦排是個能快速加菜的好選擇。

傳貴生豆皮

傳貴生豆皮是冷凍包裝，可以保存 90 天，口感非常蓬鬆軟嫩，吃起來有淡淡豆香，我很愛。

義豐蔥油派

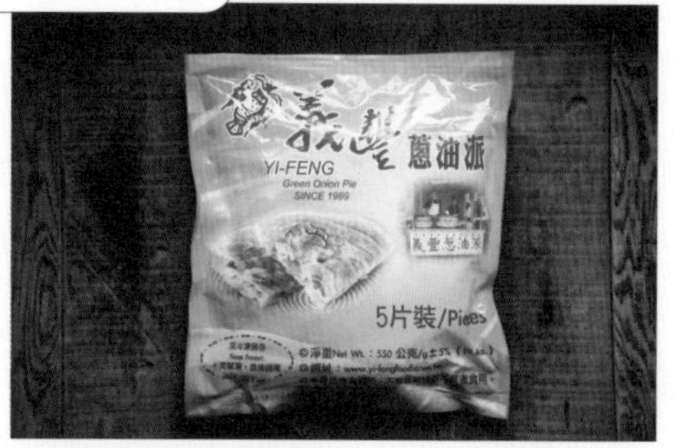

這是宜蘭粉絲的推薦，一試成主顧，是加菜的好選擇，滿多地方的超市都會賣，可以留意看看。

輯 3

先苦後甘事半功倍料理

——feat. 撥雲見日，再次看見自己

想要快速完成一桌料理，
可以選擇事先做好的燉物料理，再搭上配菜，
就是營養的一桌菜。

撥雲見日，再次看見自己

雖然下定決心要跨出去，但要讓自己重新啟動，卻也沒有想像中容易，原來不是有了時間，就懂得如何運用。

當全職媽媽那些年，除了必要的工作跟週末有家人替手之外，基本上小孩醒著的每一刻，我都是圍繞在他們的需求上打轉。弟弟去上學後，我白天突然有了好幾個小時的空檔，雖然我需要分配時間去工作跟做家務，也不是真的閒到沒事幹，但說真的，那感覺還是太奢侈了。

現在我好不容易再次擁有自己的時間，
卻突然不知如何運用。

我就像是個一夕致富的窮光蛋，
迷失在從天而降的奢侈感裡，
有錢不知道怎麼好好花，
有時間不知道怎麼聰明用。

以前沒那麼多時間時，一切好辦，我反正就是夾縫中求生存。趁小孩午睡準備晚餐或工作、趁帶小孩去公園時繞去買把菜、趁小孩玩沙時回訊息。全職媽媽的我，對於時間的觀感簡直充滿奴性，覺得時間都是家人的。而在小孩剛去上學的轉換期，我好不容易睽違十年，再次變回自己時間的主人時，卻愣住了。

當然，時間還是一樣流逝，我一樣感覺怎麼一轉眼就要去接弟弟了，但我很清楚，即便時間變多，我卻沒有因此做更多有意義的事。有了這個覺醒後，我做了很多思考與調整，最重要的心得，就是「練習把家務事一氣呵成做好」，改掉過往短兵相接的作戰模式，用從長計議的思維來處理。

所謂家務事，不外乎整理打掃、準備餐點、採購家用品等。要知道，這些瑣事真要做起來，會有種永遠做不完的感覺，就看我們想做到什麼程度而已。如果覺得自己反正在家時間長，就想到什麼做什麼、東做一點西做一點，反而讓自己懸著一顆心不敢徹底放鬆，非常沒效率，不如一早就徹底把家務雜事完成。

以我自己來說，我會盡量把家務集中在送弟弟上學前那半小時就完成，包含：

①將洗碗機、瀝水籃的鍋碗瓢盆取出、歸位。

②將摺好的衣服放回衣櫃（先生一早會摺前晚洗好的衣服）。

③用吸塵器將重點區域吸一吸：包含玄關、廚房、餐桌下方、哥哥書桌周邊。每兩～三天是掃

地機器人出動的日子，我的工作就會改為確認地板淨空。

④將浴室的洗臉盆以萬用清潔劑快速刷過，清除水漬及皂垢，並用乾抹布將檯面擦乾。

主婦流的時間利用

- 06：30｜起床做小朋友的早餐
- 06：50｜開始處理出門前的例行家務
- 07：20｜盥洗著裝
- 07：50｜送弟弟上學
- 08：30｜送完弟弟後回家，途中視情況採買或辦雜事，或直接去運動。
- 09：00｜吃早餐喘口氣
- 10：00｜工作或自修時間
- 13：00｜午餐時間
- 14：00｜工作或自修時間，若晚餐需提前備料也會趁此刻進行
- 16：30｜出門接弟弟
- 18：00｜兄弟的大小事稟報時光／準備晚餐／收拾廚房
- 19：30｜晚餐時間
- 21：00｜準備送小孩上床，幫家中環境做最後整理 reset
- 21：30｜洗澡，開始個人休息時間
- 00：00｜就寢

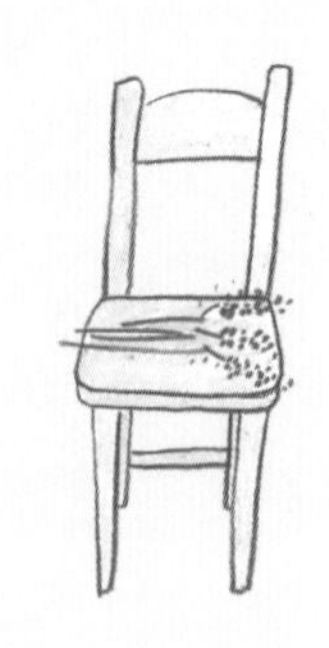

避免短兵相接的作戰模式，
用從長計議的思維來處理家務。

如果要採買、寄領包裹、跑郵局銀行，我就會趁送完弟弟後，把雜事全部辦妥。回到家，除了抽空準備晚餐，基本上我不需要再做家事，等傍晚小孩回家才會進入下半場的戰鬥。

能讓家務看起來毫不費力就快速打點好，也需要一些先決條件。我不需要特別花時間整理，因為我家隨時都在順手整理，加上不時地斷捨離，讓我省下大量收拾雜物的時間。小孩每晚上床前，一定要把所有的玩具物品歸回原位。廚房則是煮完飯就會徹底清潔。

靠日積月累的小習慣，以及定期找打掃阿姨幫忙做浴室跟大環境的深度清潔，其他時候我只要抓重點家事，趁清晨一次完成，就可以把家的狀態維持好。

當然，媽媽還有很多思緒勞動的家務，像是幫小孩的學習做安排、計畫家庭的週末或旅遊行程等等，這些都會耗費我們很多心力四處打聽、搜集資料跟做決定，不知不覺花掉很多時間。我的辦法就是給自己設下一個死線，譬如在四月中前就要把哥哥的夏令營報名完成，在四月底前將暑假旅遊計畫大致底定，才可果斷地把事情做個了結，避免陷入永無止境的比較與猶豫。

經過幾個月的調整，我終於在自己跟主婦身分之間定義出切割機制，不再被家務事淹沒，不再毫無底線一直操煩家裡的事，才能撥雲見日，再次看見自己。

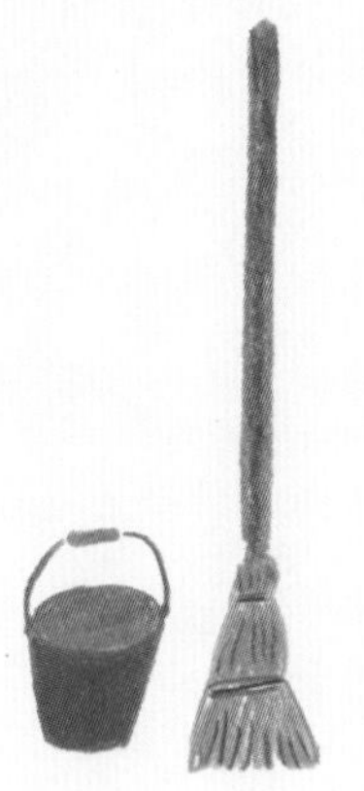

心中滷肉的新典範

琥珀色的蘿蔔與Q彈嫩口的豬五花，絕配。

- 蒜苗蘿蔔燉肉
- 蝦仁炒蛋
- 醬燜茭白筍
- 蒜炒高麗菜
- 老菜脯香菇雞湯

聖誕節前跟小朋友說：「想要什麼趕快許願，不然聖誕老公公來不及準備。」

哥哥笑說：「真的有聖誕老公公嗎？」聽到時我內心小小震撼，去年哥哥還深信不疑呢！

弟弟接著說：「對呀！真的有聖誕老公公嗎？我好幾個同學都說根本沒有。」

我喝口水給自己壓驚，說：「是喔？如果不相信有聖誕老公公的話，他就不會來了，他只會送禮物給相信他存在的小朋友囉！」

聽到我這番話，兄弟倆倒抽一口氣。

弟弟：「我有的同學說沒有聖誕老公公，但還是有同學說有啦！」

我說：「所以你是相信有的那一邊？」

弟弟：「對啦，我一直都是那一邊啊。」

哥哥：「我也是。」

你們不點破，我就不說破，大家一起 Ho-Ho-Ho。

主婦流備餐戰略

每到冬天，我必會趁蘿蔔、蒜苗盛產時滷這鍋肉來吃。這道滷肉只靠蒜苗爆香也香氣十足，蘿蔔的加持更會讓滷汁當場變得清甜。一口吃著琥珀色的蘿蔔，一口吃著Q彈嫩口的五花肉，完美的平衡是我心中滷肉新典範。配菜就搭小份的蝦仁炒蛋，再配上醬燜茭白筍跟蒜炒高麗菜，把蔬菜纖維份量補滿。飯後來碗老菜脯香菇雞湯，冬天的夜晚吃這一頓，幸福圓滿（包含肚子的圓）。

❶ 先燉蒜苗蘿蔔燉肉（約需 1 小時）。
❷ 另起一鍋，開始燉老菜脯香菇雞湯（約需 40 ～ 50 分鐘）。
❸ 炒茭白筍。
❹ 炒蝦仁炒蛋。
❺ 最後炒高麗菜。

蒜苗蘿蔔燉肉

食材

- 帶皮豬五花肉條600g，切塊備用
- 中小型白蘿蔔1根，去皮切塊備用
- 蒜苗2根，切斜段備用

調味料

- 醬油4大匙　• 白砂糖1小匙
- 清酒（或米酒）4大匙
- 味醂1大匙

其他

- 水600ml

作法

❶ 以適量油熱鍋後，放入蒜白爆香。放入五花肉塊，拌炒至表層變白，加入各1大匙的醬油、清酒、味醂跟1小匙白砂糖，拌炒2分鐘，讓肉上色。

❷ 加入600ml水、各3大匙的醬油與清酒，湯汁滾後蓋上蓋，小火燉約40分鐘，將肉燉軟入味。

❸ 加入蘿蔔塊（要泡入滷汁），以小火燜煮15~20分鐘，待蘿蔔變成琥珀色，加入蒜綠，即完成。

蒜炒高麗菜

蝦仁炒蛋

作法

❶ 以適量香油熱鍋後，加入100g蝦仁，中大火快炒至表層轉紅，加入1小匙蒜末及少許鹽，拌炒均勻後起鍋。

❷ 將1小匙醬油與1把蔥花，加進2～3顆蛋中打散，倒入鍋中拌炒，待蛋液八分熟時，將蝦仁鋪回蛋上，最後翻炒一下，即完成。

醬燜茭白筍

作法

❶ 以適量油熱鍋後，加入茭白筍切塊（約5～6根）炒至表層微焦。

❷ 加入1大匙醬油與½小匙白砂糖，與茭白筍拌炒均勻。

❸ 撒上蔥段快炒至變軟，即完成。

老菜脯香菇雞湯

作法

❶ 以適量香油熱鍋後，爆香薑片、蔥白以及泡水擠乾的香菇。

❷ 加入300g帶骨雞肉切塊，拌炒至表層熟後，熗2小匙醬油讓雞肉上色。

❸ 加入600ml水後，再放1小塊老菜脯及蔥綠，也可加白蘿蔔塊，熬煮30～40分鐘，即完成。

PLAN 10

不小心就吃三碗飯

清甜下飯的冬瓜肉燥，分兩段製作超輕鬆。

今日菜單

- 冬瓜肉燥
- 烤肉醬香酥柳葉魚
- 絲瓜炒蛋
- 蒜炒小白菜
- 蛤蜊竹筍排骨湯

有天晚上，當時小二的哥哥突然用很好奇的口吻，問爸爸是什麼時候學會用筷子的。老公熊熊被這樣一問有點反應不過來，說：「我不知道耶，我們小時候沒有你們這種東西（指了一下哥哥手中的學習筷），我搞不清楚到底是什麼時候學會的。」

哥哥望向我尋求解答，但我也一臉茫然，本來以為話題會這樣默默全劇終，畢竟都被我們句點了，沒想到哥哥突然想起了什麼，興奮地說：「喔喔喔我知道我知道！你們以前好像是用樹枝吃飯對不對！」

聽到哥哥這樣說，飯粒差點從鼻孔噴出來，我們在哥哥心目中是什麼很古老的人類嗎？用樹枝吃飯的畫面也未免太清苦了吧?!

只能說這就是我們家的餐桌日常（雙手一攤），總在毫無預期下神展開一些話題，出乎意料逗樂了彼此。

主婦流備餐戰略

冬瓜肉燥非常適合分兩階段製作，利用冬瓜易熟好入味的特性，先把肉燥滷好，開飯前再把冬瓜塊丟進去滷，帶有古早味的下飯菜就完成了。哥哥平常是不吃冬瓜的，唯有當我做冬瓜肉燥時，他才會毫無警覺地大口吃，簡直是他與冬瓜最短的距離。冬瓜會讓滷汁更清甜，是意想不到的美好搭檔，難怪他那麼愛。

❶ 提前將肉燥滷好、竹筍排骨湯燉好。
❷ 等開飯前，再將冬瓜塊放入燉煮 10 ～ 15 分鐘。
❸ 利用滷冬瓜的時間，分別炒小白菜及絲瓜炒蛋。
❹ 最後再煎柳葉魚（才可趁熱吃），同時將蛤蜊放進湯鍋中煮開。

冬瓜肉燥

食材

- 豬絞肉 200g
- 冬瓜1小片，去皮切小塊備用（約300g）
- 紅蔥頭3～4顆，切片備用

調味料

- 醬油2大匙
- 米酒1大匙
- 冰糖1小撮

其他

- 水300ml

作法

❶ 以少許油熱鍋後，爆香紅蔥頭，接著加入豬絞肉拌炒至熟。
❷ 加入醬油、米酒與冰糖，將絞肉炒上色後，加入300ml水。
❸ 待湯汁微滾，蓋鍋蓋燜10分鐘，讓絞肉入味。
❹ 加入冬瓜塊，轉小火再燜煮10分鐘，待冬瓜成琥珀色，即完成。

烤肉醬香酥柳葉魚

作法

將200g柳葉魚（約10～12尾）均勻沾上烤肉醬後（我是使用Costco的韓式烤肉醬，也可換其他品牌或用鹽），再沾裹地瓜粉，用適量油以半煎炸的方式煎到酥脆，即完成。

絲瓜炒蛋

作法

❶ 將醬油加入2顆蛋中打散，待油熱之後，倒入蛋液炒至八分熟即先起鍋。

❷ 於同一鍋補少許油，加入絲瓜片（1條絲瓜削皮，切成約1cm的片狀）拌炒至軟，過程中若太乾可補少許水。

❸ 將蛋倒回鍋中，與絲瓜拌炒均勻，最後以少許鹽調味，即完成。

蛤蜊竹筍排骨湯

蒜炒小白菜

難以抗拒的嫩肋排

充滿洋蔥與番茄香甜的醬汁，配飯無敵！

今日菜單

- 番茄馬鈴薯燉肋排
- 櫻花蝦菜脯蛋
- 蒜炒桂竹筍
- 蒜炒小白菜
- 紅棗蘿蔔排骨湯

從我們家開車到幼兒園大概二十分鐘，這樣的距離我覺得還行，畢竟是非常喜愛的學校，多開一點路值得。比較麻煩是尖峰時間很塞，雨天更是四十分鐘都到不了。

大塞車時我自然是深感無奈，弟弟倒是怡然自得，邊用看好戲的口吻說：「好塞喔～」邊悠哉吃早餐。慢慢我明白，對弟弟而言，塞車就是他能跟我耗在一起的時光，一起哈拉或聽故事，這些細瑣的片段都讓他覺得幸福。

怎麼會有人那麼喜歡跟我在一起呢？如果不是我生的，如果不是他還小，我大概不會得到這種尊榮的待遇吧～

今天又塞車，殺進學校時忍不住小抱怨。老師說再忍兩年！我想想笑了，說「忍」好像也不至於，因為我更捨不得弟弟長大。

開車帶你上學，一起塞在半路，說起來，也沒什麼不好。

主婦流備餐戰略

很多小孩對馬鈴薯有著複雜的情感，像是馬鈴薯做成的薯條很愛，但放在咖哩飯裡就痛恨。我們家以前馬鈴薯也會滯銷，但我覺得燉到鬆軟入味的馬鈴薯非常迷人，還是會不時入菜。某天，哥哥終於頓悟了這美味，開始愛上，而這道就是其中一個會讓兄弟倆大吃馬鈴薯的料理。肋排燉到軟嫩，馬鈴薯燉到鬆軟，醬汁則是充滿洋蔥與番茄的香甜，配飯吃或是把馬鈴薯作為主食、搭配麵包，都好吃極了！

❶ 先製作番茄馬鈴薯燉肋排（約需 1 小時）。
❷ 另起一鍋，開始燉紅棗蘿蔔排骨湯（約需 40 ～ 50 分）。
❸ 接著分別炒桂竹筍及櫻花蝦炒蛋。
❹ 最後炒小白菜，同時收拾廚房。

番茄馬鈴薯燉肋排

食材

- 肋排450g
- 洋蔥1顆，切塊備用
- 牛番茄2顆，切塊備用
- 馬鈴薯1顆，去皮切大塊備用
- 紅蘿蔔1根，去皮切塊備用

調味料

- 醬油4大匙
- 味醂1大匙
- 冰糖1小匙

其他

- 水400ml

作法

❶ 以少許油熱鍋後，放入洋蔥炒至焦黃。
❷ 放入肋排，煎炒至表層金黃。
❸ 放入番茄與紅蘿蔔塊，炒至番茄稍軟。
❹ 加上醬油、味醂和冰糖，與食材拌炒均勻後，加入400ml水，蓋上鍋蓋小火燉煮30分鐘至肋排軟嫩。
❺ 最後下馬鈴薯塊，繼續燉15～20分鐘至口感鬆軟，即完成。

蒜炒小白菜

櫻花蝦菜脯蛋

作法

1. 將1小條菜脯泡溫熱水10分鐘後，切成碎丁，與1把櫻花蝦及蔥花，放入2～3顆蛋液中，加1小匙醬油，打散。
2. 以適量油熱鍋，加入蛋液煎至兩面金黃，即完成。

蒜炒桂竹筍

作法

1. 將3～4條桂竹筍撕成條狀後切段，放入熱水中煮2分鐘取出瀝乾。
2. 以少許油熱鍋，加入2～3顆拍碎的蒜頭爆香，加入桂竹筍絲拌炒至熱透，最後倒入適量醬油膏，調整至喜歡的鹹度（邊試味道），即完成。

*吃辣者，也可炒一點辣椒片或辣豆瓣醬。

紅棗蘿蔔排骨湯

作法

1. 將300g排骨丁汆燙後，另起一鍋1L熱水（依食材量增減），放入汆燙好的排骨丁，蓋鍋以中小火熬煮半小時。
2. 加入白蘿蔔及10顆紅棗（沖洗後扭一下讓皮裂開），水滾後蓋上鍋蓋以中小火燉煮20分鐘，最後以少許鹽調味，即完成。

PLAN
12

拌飯拌麵都好吃

不需任何爆香拌炒，照食譜放進鍋裡就搞定！

今日菜單

- 日式蘿蔔燉雞翅
- 培根毛豆玉米蝦仁
- 紅蘿蔔玉子燒
- 蒜炒花椰菜
- 番茄蘿蔔湯

有天我眼睛突然嚴重眩光，就像有個關不掉的日光燈在眼角狂閃，看出去白花花一片，非常難受。上網一查，需要點眼藥水閉眼休息。

那時弟弟還很小，正是無時無刻都需要盯著的時候，但沒辦法，只能跟他說媽媽不舒服，需要把眼睛閉起來一下，叮嚀他不要亂跑，也不知道他聽懂多少就是了。

閉上眼睛後，弟弟無聲無息，那幾秒的靜默雖然讓我得以休息，但我竟覺得度日如年，看不見自己的稚兒就是令母親如此不安，滿腦子想像他會不會爬去浴室舔馬桶刷，會不會吞了什麼東西被噎到。

那「休息」實在太煎熬了，沒多久我就忍不住睜開眼，只見弟弟跪坐在我腳邊，一臉擔憂地看著我。原來他有聽懂，原來他哪都沒去，只是靜靜地在旁邊陪著我。

主婦流備餐戰略

這鍋日式蘿蔔燉雞翅，出乎意料簡單，只要把所有食材、調味料跟水放入鍋中燉煮，不需要任何爆香拌炒，一個小時內就可以吃到燉到入味的雞翅與蘿蔔。這個做法的口味，吃起來會比台式滷雞翅再淡雅些，主要是蘿蔔的甘甜也熬進醬汁裡，醬汁拌飯或拌烏龍麵都很好吃喔！因為雞翅的肉量已經足夠，主菜②就準備比較沒有負擔的蝦仁料理，另外搭配紅蘿蔔玉子燒，再搭個番茄和用剩的紅、白蘿蔔煮成湯，一桌美味的家常菜就完成了！

❶ 先製作日式蘿蔔燉雞翅。

❷ 熬煮番茄蘿蔔湯。

❸ 分別製作紅蘿蔔玉子燒及蒜炒花椰菜。

❹ 最後炒培根毛豆玉米蝦仁。

日式蘿蔔燉雞翅

食材

- 翅小腿３００g
- 翅中３００g
- 白蘿蔔約４００g（去皮）

調味料

- 醬油4大匙 •味醂4大匙
- 清酒或米酒4大匙（可省略）
- 白砂糖1小匙

其他

- 水５００ml

作法

❶ 白蘿蔔、雞翅、調味料與水，放入鍋中，湯汁滾後轉小火燉煮。過程中需撈除浮沫，並且不時翻面讓食材們均勻入味。不用特別蓋上鍋蓋，讓醬汁隨著燉煮變得更濃郁。

❷ 燉煮40～50分鐘，待白蘿蔔變為琥珀色，雞翅變成淡淡的焦糖色，即完成。

蒜炒花椰菜

番茄蘿蔔湯

作法

❶ 將用剩的紅、白蘿蔔（份量不拘）切成薄片，並將1顆牛番茄切成塊狀。

❷ 以少許油熱鍋後，加入番茄炒至軟，接著加入紅、白蘿蔔略作拌炒，可淋1小匙醬油提香。

❸ 加入400～500ml日式高湯熬煮（淹過料即可），待蘿蔔煮軟，以適量鹽巴調味，即完成。

培根毛豆玉米蝦仁

作法

❶ 以少許油熱鍋後，加入培根爆香。

❷ 加入蝦仁（150g）、1小碗冷凍毛豆仁及適量綠巨人玉米粒，拌炒至蝦仁熟。

❸ 加入1小匙蒜末拌炒至香氣飄出，最後撒點鹽即完成。

紅蘿蔔玉子燒

作法

❶ 將1根紅蘿蔔刨絲後，以少許油炒至甜味飄出（聞起來會像地瓜般甜甜的），接著加入1小匙醬油爆香。

❷ 將紅蘿蔔絲倒入蛋液中（3顆蛋＋50ml日式高湯＋½茶匙鹽），混勻後以玉子燒手法將蛋液分批入鍋煎，即完成（參考P54）。

PLAN 13

整桌菜都經典啦！

香到翻掉的香菇綠竹筍燒雞，端上桌一定有面子。

今日菜單

- 香菇綠竹筍燒雞
- 清蒸海鱺魚
- 醬爆小黃瓜甜不辣
- 燙地瓜葉
- 松發肉骨茶

說來奇怪，明明養小孩又苦又累，但如果問媽媽們是否都有強烈的被剝奪感，十個大概有八個想想會說也還好啦！

我覺得應該這樣說，養兒育女的操煩，非常容易找到具體事件訴苦抱怨，所以養小孩的恐怖故事才會經典永流傳，但其中的喜悅與滿足，卻又非常細膩微妙、難以言喻，只有夜深人靜時，明明覺得小孩終於去睡了真好，但下一秒竟然在滑小孩的照片傻笑，才驚覺我們到底是被灌了什麼迷湯。

做母親的，somehow 就是能在這苦與樂之間，找到讓自己累歸累但不至於崩潰起肖的恐怖平衡點。重來一次，我也要拚了老命把非得從我身體才能來到世上的兄弟倆，給擠出來，我還是要當他們的媽媽。

主婦流備餐戰略

夏天到了就是要吃綠竹筍，除了煮湯跟做成沙拉筍，我也很愛用綠竹筍煮粥、炊飯或是丟進燉滷料理裡。這鍋有香菇加持，香氣破表，還可以大口啃肉跟嚐到脆甜的綠竹筍，是端上桌一定有面子的極致家常菜，無論是平時或家宴時吃，相信都會讓大家滿意。另外搭配的清蒸海鱺魚排，肉 Q 嫩又沒刺，特別適合給小孩吃。我做的醬爆小黃瓜甜不辣每上桌必被掃盤，小黃瓜先抓醃才可去除澀味，口感大升級！松發肉骨茶也好讚，反正整桌菜都經典啦！

❶ 先分別製作香菇綠竹筍燒雞跟燉煮松發肉骨茶。
❷ 蒸海鱺魚排。
❸ 製作醬爆小黃瓜甜不辣。
❹ 最後燙地瓜葉。

香菇綠竹筍燒雞

＊綠竹筍有產季問題，非產季時可直接買超市的真空沙拉筍，一樣好吃，其他品種因為需要燉煮更長時間才會甜，放在這道料理只燉個20分鐘怕還會苦，就不推薦使用了。

食材

- 帶骨雞腿切塊300g　• 中型綠竹筍2根
- 小條紅蘿蔔1根，切小塊備用（配色用）
- 甜豆10多個，去除纖維備用（配色用）
- 小朵乾香菇8個，泡水後擠乾，香菇水留著
- 薑2～3片
- 蒜頭2～3顆，拍碎　• 蔥2～3根，切段

調味料

- 醬油2大匙　• 蠔油1大匙　• 白砂糖½小匙

其他

- 水300ml

作法

❶ 以油熱鍋後，加入蔥、薑、蒜及香菇爆香。

❷ 加入雞腿塊拌炒至表層熟。加入2大匙醬油及½小匙白砂糖炒至雞腿上色。

❸ 加入綠竹筍及紅蘿蔔塊拌炒，加水及1大匙蠔油，蓋鍋蓋中小火燉煮20分鐘。

❹ 開鍋蓋放入甜豆燉煮約5分鐘，待甜豆轉熟，即完成。

醬爆小黃瓜甜不辣

作法

❶ 取一大盆，將0.5 cm小黃瓜片及½茶匙鹽巴混勻，放置10分鐘出水後，分批放入紗布或手中，擠出水分。

❷ 以少許油熱鍋，加入甜不辣，以小火煎至表層微焦。

❸ 加入1大匙醬油膏、½小匙白砂糖、1大匙蒜末及3大匙開水，讓醬汁跟甜不辣混合均勻，再將小黃瓜放入鍋中拌炒2~3分鐘，即完成。

＊若買到的甜不辣偏硬或冷凍過，可放入電鍋用半杯水蒸軟，炒出來的口感會更軟Q好吃。

清蒸海鱸魚

作法

這次我是使用李錦記蒸魚醬油，依照包裝上的指示操作即可。但遵照李錦記的作法，比較麻煩的是最後需要燒熱油淋在蔥絲上。

在此提供一個更省事的蒸魚法。直接淋各1大匙的醬油、食用油在魚肉上，再鋪上喜歡的提味食材，像是蔭鳳梨、蔭冬瓜、豆豉醬，或是簡單放點薑片或蔥絲，蒸出來就可以直接吃，很簡單。

燙地瓜葉

松發肉骨茶

作法

這道湯品沒什麼好教，因為我是照松發肉骨茶包裝上的指示製作，不過包裝說要900g的排骨，我覺得有點太多，用支骨600g就很好吃了。

＊松發肉骨茶湯包蝦皮就有賣。

PLAN 14

媲美居酒屋的美味

只要提前一晚先醃，烤一烤就能上菜超輕鬆！

今日菜單

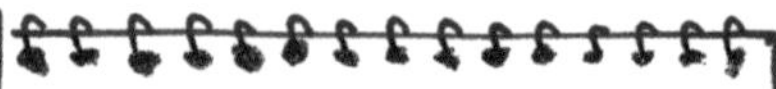

- 味噌松阪豬
- 蝦仁炒蘆筍
- 海苔玉子燒
- 蒜炒高麗菜
- 高麗菜乾海帶芽豆腐湯

升上中年級後，哥哥的學習強度明顯更高，寫功課的時間變長了。低年級時經常可以在學校完成，就算帶回家寫也花不了太久，寫完就能趁我還在煮飯時去洗澡、看卡通、玩玩具耍廢，但現在常常他寫完我飯也煮好了，就會趁熱先開動。

跟作業拚搏完的哥哥，從房間走出來時總像隻戰敗的公雞，不甘心竟然花了那麼多時間寫作業。還好，哥哥只要吃我做的飯就會一次補滿血，把所有阿雜拋諸腦後，心情指數開低走高。

看他總能瞬間切換成無憂無慮、大口吃飯的模式，我就更慶幸自己能一路堅持要讓孩子在家好好吃飯，不願犧牲晚餐時間讓他們去上才藝班或補習，才能讓孩子在愈加忙碌的行程中，有個明確的停頓點，在餐桌與我們聊聊天，好好放鬆。

只是一頓飯，但得到的，從來不只是一頓飯而已。

主婦流備餐戰略

松阪肉需要前一晚就醃製入味，隔天只要用小烤箱烤約10分鐘即可，媲美居酒屋的味噌松阪肉就會橫空出世。配菜是玉子燒，但變化一下做成海苔口味，主菜②就選擇蝦仁蘆筍，補充蛋白質與蔬菜量。湯品則是用了喝起來會帶點甜味的高麗菜乾，搭配海帶芽跟豆腐，清淡回甘。

❶ 將醃製好的味噌松阪肉放入小烤箱，以200度烤10～12分鐘。
❷ 利用等候的空檔，製作海苔玉子燒，若太趕，也可趁前一晚或白天將玉子燒先做好，涼涼的吃也沒問題。
❸ 接著分別製作蝦仁蘆筍跟炒高麗菜。松阪肉烤好時切薄片。
❹ 最後煮湯。

味噌松阪豬

食材

- 松阪肉 200g

調味料

- 味噌 1 大匙
- 味醂 1 大匙
- 白砂糖 1 小匙

其他

- 冷開水 1 大匙

作法

❶ 將所有調味料與開水混合均勻，倒入保鮮袋，放入松阪肉後搓揉均勻，放置於冷藏區一晚。

❷ 吃之前將松阪肉取出，撥掉醃料，放入小烤箱以 200 度烤 10 ～ 12 分鐘，再切薄片即完成。

（同一配方跟做法，也可用來做西京燒鮭魚）

海苔玉子燒

作法

食譜請見玉子燒總教學篇（P.54），唯製作時每下一層蛋液就鋪一層海苔，即可做出海苔玉子燒。

蝦仁炒蘆筍

蒜炒高麗菜

高麗菜乾海帶芽豆腐湯

食材

- 豆腐 1 盒
- 高麗菜乾 1 小把
- 海帶芽 1 小把

調味料

- 鹽巴適量

作法

超市或是農產店就可買到高麗菜乾，熱水煮開後放入，高麗菜乾很快就會散開，再撒一點海帶芽跟豆腐，待湯再次小滾後，用適量鹽巴調味即可。

冷掉一樣好吃涮嘴

匹敵滷味攤口味的滷雞翅，直接啃就大滿足。

今日菜單

- 海帶滷雞翅
- 涼拌白菜心
- 椒鹽豆腐丁
- 紅燒冬瓜
- 金針排骨湯

某天，把兄弟倆趕上床睡覺，親親抱抱後我準備閃人，哥哥突然說：「我要大魟魚～」弟弟一聽也要。我愣了一下才想到，兩個月前我曾很隨意把淺灰色被子張開，大喊：「大魟魚來了！」咻一聲把他們用被子包起來，兄弟倆被這突如其來的橋段逗得咯咯笑。沒想到哥哥突然點檯，那就來大魟魚一下吧！兄弟倆再度笑到東倒西歪。

表演結束後，心裡甜甜暖暖的。我不是個溫柔有耐心的母親，這些年來罵小孩沒少過，但大概是小男生頭腦比較簡單（？），事過境遷後，他們似乎不太記得我罵了什麼（可能根本沒在聽）。但像大魟魚這種神來一筆的哏，他們卻記很久。

感謝他們的選擇性記憶，撫平我內心的愧疚。我無法總是平和以對，還好兄弟倆，更記得我逗笑他們的時候。

主婦流備餐戰略

滷雞翅是我很喜歡的料理，加個滷包就很像滷味攤的口味，冷了一樣好吃，適合預先滷起來，也很適合做家宴前菜。另一個我很喜歡滷雞翅的原因，是吃起來比滷豬五花清爽很多，不小心就啃掉一盤是很有可能的。涼拌白菜心也是我激推的涼拌菜，基本上要現拌現吃，白菜才不會出水，但必要時可以把菜跟料切好，醬汁調好，開動前速速拌在一起即可上桌，酸甜爽脆超完美

❶ 滷雞翅，同時另起一鍋燉金針排骨湯。
❷ 燉煮紅燒冬瓜。
❸ 製作涼拌白菜心。
❹ 炒椒鹽豆腐丁，一邊開始收拾廚房。

海帶滷雞翅

食材

- 翅中300g（約10支）
- 翅小腿300g（約5~6支）
- 海帶結適量（示範使用約1碗，若不吃可省略，也可改滷豆干）
- 薑1拇指節，切片備用
- 蒜頭3~5顆，拍碎備用
- 蔥3根，切段備用

調味料

- 醬油4大匙
- 米酒1大匙
- 冰糖1小匙

其他

- 水500ml
- 萬用滷包1包

作法

❶ 以油熱鍋，加入蔥白、薑跟蒜爆香。加入翅中、翅小腿拌炒至表層金黃。

❷ 加入醬油、米酒及冰糖，將雞翅煎炒上色。

❸ 倒入500ml水，放入海帶結、蔥綠、滷包，湯汁滾後轉小火，不蓋鍋蓋滷約40分鐘，待雞翅入味，湯汁略微收乾，即完成。

涼拌白菜心

作法

❶ 將1小顆包心白菜或山東大白菜的外層葉片剝除（可拿去炒菜或煮湯），留下菜心，洗淨瀝乾後，切細絲。另將2株香菜切細段、3片豆乾燙過切細絲、1～2瓣蒜頭切末。

❷ 將2大匙白醋、1大匙白砂糖、1茶匙鹽、適量香油及蒜末，混合成醬汁備用。

❸ 開動前，將醬料與食材混合均勻，撒上適量鹹花生，即完成。若蔬菜量較多，可依比例準備多一些醬汁，味道才夠。

紅燒冬瓜

作法

❶ 以少許油熱鍋後，加入3～4片薑片爆香。

❷ 將500g冬瓜塊放入鍋中，接著加入2大匙醬油、1小匙白砂糖及400ml水，以小火燉煮約15～20分鐘，待冬瓜呈琥珀色，即完成。

＊這道菜溫溫涼涼地吃更好吃，可抽空提前做好放涼。

椒鹽豆腐丁

作法

❶ 將2塊板豆腐切成小方塊（骰子大小）後，鍋中先不加油，直接熱鍋後，放入豆腐乾煎。

❷ 待豆腐水分大致被煎乾後，再加入適量的油，繼續煎至表層金黃。

❸ 加入1大匙蒜末、1大把蔥花（3～5根蔥），吃辣的話也可加辣椒丁，拌炒至香氣出來後，撒適量鹽及白胡椒，調整至喜歡的鹹度，即完成。

金針排骨湯

作法

❶ 取300g排骨丁在冷水時即入鍋、汆燙後洗淨，於鍋中倒入1L水，並放入3根蔥、3片薑片、少許米酒（可省略），以中小火燉煮30分鐘至排骨丁軟嫩，把蔥薑撈出。

❷ 將金針水洗後，放入湯中熬煮10分鐘，最後以適量鹽巴及白胡椒調味，即完成。

主婦小撇步 03

切蔥不流淚的小祕訣

身為主婦，讓我覺得最脆弱的時候，就是當我需要切大量的蔥花、洋蔥丁或是紅蔥頭時。總會切到我痛哭流涕、淚流滿面，不知情的人如果此時剛好經過，一定會以為我人生遭逢什麼巨變。

其實之前我有一個解法，但說起來很蠢，就是戴蛙鏡。不過說真的，在廚房戴蛙鏡這個畫面實在是很荒唐，我每次戴上後，如果剛好轉身看到冰箱鏡面上的自己，常會有種「我的人生怎麼淪落至此」的淒涼感。

還好後來學到一個優雅很多的新方法，就是拿一台桌上型風扇放在砧板旁吹，就可把辛辣之氣往旁邊吹。這招上場後，果然切的時候一點想哭的感覺都沒有！感覺自己堅強很多！分享給大家！

把切蔥產生的辛辣味吹走，就不怕流淚了！

PLAN 16

悟了多年才學會

古早味的香嫩豬排，配飯夾吐司都好吃！

今日菜單

- 嫩煎豬排
- 紅蘿蔔煎蛋
- 高麗菜炒冬粉
- 蒜炒小芥菜
- 剝皮辣椒雞湯

弟弟五歲生日那天，我幫他請了假，老師問我要帶他去哪裡玩？我說沒有啦，就是做一些我們以前愛做的事。

弟弟上學後，每當發現新公園、吃到弟弟會喜歡的餐廳，我總想著如果能像以前隨時想去就去，該多好。

全職媽媽帶著小孩的三年，會留下很多生活片段的回憶，但因為太日復一日，當下並不覺得深刻。直到小孩轉身去上學，感到鬆一口氣時，卻在意想不到的時候，突然很懷念再也回不去的過去。

弟弟生日當天，我們一起去吃早午餐、去公園、去挑生日禮物跟玩史萊姆，做這些以前常做的事，就足以讓他整天都笑咪咪，連我也很開心。

我們，果然都很想念以前的我們。

主婦流備餐戰略

我花了好幾年才悟出嫩煎肉排的作法。以前我都是里肌排醃好後就入鍋煎，結果口感會偏柴，但我在外面吃到的也不像有裹粉，實在想不透要怎麼做，才可以讓肉排不帶粉感又軟嫩。

後來知道原來要直接在醃料裡加地瓜粉或太白粉！多了這層保護，肉才不會因快速受熱而乾柴！調整作法後，終於做出我夢想的嫩煎豬排！豬排可以一次多醃幾片冰冷凍，想吃時隨時退冰再煎過即可，除了配飯還可以夾吐司，學起來！

❶ 趁有空時提前醃肉排，前一晚先醃也可以。

❷ 先燉剝皮辣椒雞湯。

❸ 煎紅蘿蔔煎蛋，另一鍋可同時炒小芥菜。

❹ 製作高麗菜炒冬粉，等冬粉燜軟時，開始煎肉排。

嫩煎豬排

食材

- 豬里肌肉排 6 片（約 360g），以肉鎚或刀背拍扁備用
- 蒜頭 2 ～ 3 顆，切碎備用

調味料

- 醬油 1 大匙 • 米酒 1 大匙
- 白砂糖 1 小匙 • 香油 1 小匙
- 白胡椒少許（用量隨意，可省略）

其他

- 地瓜粉或太白粉 2 大匙

作法

1. 將蒜末、所有調味料及地瓜粉混合成醃料，讓肉排均勻沾裹後，置於冷藏醃至少半小時。
2. 將表層的蒜末拍掉，以適量油熱鍋，肉排入鍋以中火煎至兩面金黃，即完成。

蒜炒小芥菜

剝皮辣椒雞湯

＊如果想再辣一點可多補剝皮辣椒或補剝皮辣椒水。

作法

❶ 以少許香油熱鍋後，加入3～4片薑片爆香，再加入300g帶骨雞腿切塊拌炒至表層金黃。

❷ 放入¼顆高麗菜拌炒，炒軟後先夾出來另外放在碗中備用。

❸ 加入約600ml水淹過雞肉，放入適量剝皮辣椒及2～3大匙剝皮辣椒水，蓋上鍋蓋以中小火熬煮約半小時。將高麗菜放回鍋中再燉一下，最後依個人喜好加點鹽調味，即完成。

高麗菜炒冬粉

作法

❶ 以少許油熱鍋後，加入1碗高麗菜拌炒至軟，接著放入1小匙蒜末爆香。

❷ 於鍋中加入4小匙醬油、1小匙白砂糖、200ml水後，放入1球冬粉（需先用熱水泡軟瀝乾剪小段），待冬粉均勻吸附醬汁，即完成。

紅蘿蔔煎蛋

作法

❶ 將1根紅蘿蔔刨絲後，以少許油炒至甜味飄出（聞起來會像地瓜般甜甜的），接著加入1小匙醬油爆香。

❷ 將紅蘿蔔絲與蔥花、3顆蛋、½茶匙鹽混合均勻，入鍋以中小火煎至兩面熟，即完成。

輯　4

休假一桌豐盛提案

——feat.2.0版主婦新生活，接下來要多為自己努力

來學習看似困難實則沒有麻煩技巧的料理，
只要花點時間就能得到家人的讚嘆，
一起開心享用吧！

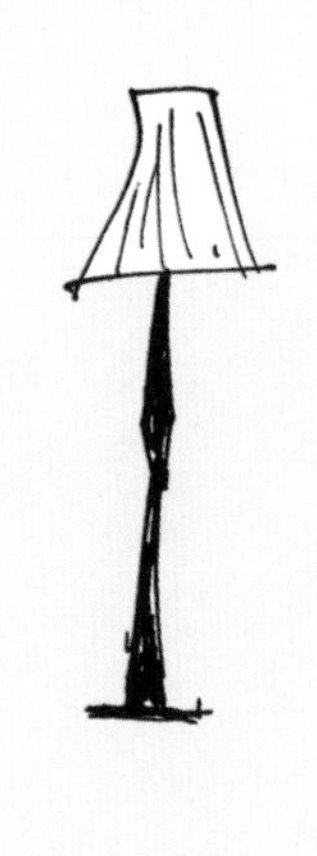

2.0版主婦新生活，接下來要多為自己努力

撥雲見日，把更多時間握在自己手上後，我又花了一段時間才理出頭緒，找到下個階段想做的事，建立起新的規律感。對我而言，重獲自由後的首要目標，是投注更多心力在工作上，像我現在就很認真寫書有沒有！

但畢竟我算自由工作者，時間上還是有比較多彈性，我希望可以做些不同的運用，才在工作之外也找了幾個新目標，希望能在孩子漸漸長大的同時，把自己狀態調整好。

①學習新事物

最初我只是給自己設定一個很大的方向，就是我想要學點新東西。全職媽媽的生活，一轉眼就是十年，雖然我會以林姓主婦的身分在江湖走跳，但大多時候我還是蓬頭垢面窩在家裡帶小孩，時間一拉長，不免有種社會脫節感。

而學新的事物，絕對會有效把我們拉回現實，因為過了中年還要學新東西就是如此辛苦（白髮蒼蒼淚兩行）。此外，為了學新的事物，我們通常會進入一個新的小團體、遇見新的老師與同學，這對待在家裡很久的媽媽而言，是一個很好逼自己往外走、展開新社交圈的方法。找到新的學習目標，有固定的事情可以忙，讓停滯已久的齒輪轉動起來，感覺很踏實。

我選擇了學習日文，希望將來去日本，店員對我猛講日文時，自己不僅可以聽懂、也能回答。頑張って！

我自己是選擇學日文，我二十幾歲時曾學過半年，當時沒學起來，連五十音都背得二二六六，再度撿回來學時，竟然已經年過四十還多了兩個兒子，讓我感慨萬千。

學到此刻已經一年多，日文之難果然名不虛傳，動詞變化跟數學一樣高拐，雖然記到頭昏腦脹，單字邊背邊忘搞什麼，但現在看日劇或讀日文時，會突然有種略懂略懂的感覺，我很享受這種成就感。這次我會撐住，不要輕易下車，不然現在下車，我往後應該很難會再提起勁學了。

②培養閱讀習慣

有小孩後很容易喪失的其中一個能力，就是靜下來好好讀一本書，除非本來就很愛閱讀，不然把小孩弄上床後，大概只想追劇耍廢吧！弟弟去上學後，我找了一些想看的書，但幾個月過去，我沒有一本看完。口口聲聲要小孩培養閱讀習慣，自己卻連看完一本書的耐心都沒有，我總感到有點心虛。

還好這個情況有了重大突破，因為我開始使用電子閱讀器看電子書，我是聽朋友講才知道（好土），用電子閱讀器可以隨

使用電子書，閱讀變得超輕鬆，讓我有更多機會從別人的觀點看世界。

意調整字的大小跟行距，讓頁面變成自己覺得最舒服的狀態。我這樣一調後，閱讀變超輕鬆，看書的意願提高很多，開始越看越快、越看越多，很推薦給想要培養閱讀習慣的人試試看。

幾年後看到這段，肯定會覺得這個提醒也過時到太幽默了，就像很激動地跟大家說智慧型手機可以上網耶真的很方便，但沒關係啦我們就活在當下，至少這對我來說是個新突破，就讓我講一下咩！

③培養健康飲食的習慣

我覺得全職媽媽滿容易暴飲暴食的。

在小孩開始上學前，我們整天跟孩子一起吃喝，在家煮可以隨機調整是還好，但如果出門在外，就會覺得跟小小孩一起點餐很困難。餐點難免會以小孩適合的為主，而且份量上很容易一份太少，兩份太多。多與少之間，媽媽們通常會選擇省一點，點一份跟小孩一起吃，如果跟弟弟這種命帶食神的小孩共食，媽媽只是等著吃渣。

當然媽媽也不是吃素的，我們之所以願意委屈求全，多少是因為小孩愛吃的口味我們也吃膩了，早在盤算等小孩午睡要來大吃下午茶，吃宵夜追劇享受 me time 當然也不能少，這種報復性飲食的心態，讓全職媽媽很難控制飲食、維持身材。

弟弟去上學後，雖然晚餐我親自下廚，菜色一定健康營養，但白天自己一個人的時候，我常常吃得隨心所欲，辛拉麵也可以是一餐，一年下來，體重逐漸失控，衣服越買越寬鬆，我簡直不敢直視鏡子裡的自己。

終於學會用食物照顧好自己，
期待這個好習慣可以持續下去。

到了一個點，我覺悟了。四十歲之後新陳代謝變慢，如果還是維持任性的飲食，肯定只會持續發福，健檢報告也會出現越來越多紅字。中年婦女不敢選擇太激進的減肥法，怕沒瘦還傷身，最終決定與營養師配合，老老實實把正確的飲食觀念跟習慣建立起來，即便只是自己要吃，也要很有紀律挑選對的食物，並且精準掌握該吃的份量，用更踏實健康的方式，讓體重與體脂慢慢獲得改善。

跟營養師配合為期三個月的飲控療程後，不但身形開始消瘦，氣色變好、皮膚變亮，還有一個很大的附加價值是——自我感覺非常良好，覺得自己活得更積極健康，不再陷入吃了很廢的食物後又感到懊惱的惡性循環。中年之後終於學會用食物把自己也照顧好，覺得很欣慰，希望這個好習慣可以一直維持下去！

④培養運動習慣

我從小到大最討厭上的課，除了數學就是體育課了，隨便跑兩下就覺得側腹好痛我不行了（原地躺平），也很討厭做會喘

的有氧活動，反正講到運動我就弱！

我就這樣毫無運動習慣直到中年，但既然為了瘦身開始了飲控之路，不搭配運動的話，我怕體重掉了我的肉也跟著垮了。而且聽說老了之後下床尿尿要不要人扶，就是看肌力，想想自己半夜都要起床棒溜，如果還要叫人扶的話，我怕會來不及（好有遠見）。總之，死拖活拖後，我終於有了人活著就是要運動的覺悟（？），開始動起來了。

目前我的運動方案是一週一小時的教練重訓課，另外搭配一～兩小時的器械皮拉提斯。一開始上重訓課時我真的覺得超想死，明明教練也沒叫我做什麼難的動作，但畢竟我的肌群這輩子很少被呼喚出場，熊熊被狂 cue 讓它們整個錯愕。頭幾堂課，我下課後連走去開車都差點沒力，地上就算有一千元我也不想蹲下去撿。

咬著牙執行了幾個月，我終於明顯感受到自己的轉變，主要是心態上不再逃避或感到勉強，而是開始覺得每週能去給教練操一操也好（認命）。器械皮拉提斯更是上得很投入，看著一些教學動作竟然會覺得「啊～能拉到背肌感覺很舒服～能練到核心感覺很痛快。」而且，之前上完課肌肉會痠痛兩三天，現在慢慢不會了；很多動作之前做不到，現在做得越來越像樣，我的身體終於慢慢跟上了。

雖然離運動咖還有很遙遠的一段距離，但無論如何都比以前進步了，這些小小的轉變，都讓我打從心底很得意，下次健檢當醫生問我有沒有運動習慣時，終於可以抬頭挺胸說，有！一週三小時（手比三）。

⑤重新與朋友建立連結

Last but not least.

當全職媽媽有一點滿可憐的，就是朋友會越來越少，確切地說，「會來往」的朋友越來越少。

其實一開始我們也沒有想變這樣，我們多希望當個新世代的媽媽，讓小孩陪我們過生活，而不是整天繞著他們團團轉。但現實就是，當有個嫩嬰要顧，你很自然會把自己排除在很多社交場合之外，因為帶嬰兒出門一趟，實在是太麻煩了。

想當年我曾經好不容易在睽違幾個月後，跟好姐妹約了要見面吃飯，但好死不死當時的哥哥已經五、六天沒拉屎（母乳寶寶排便的天數會拉長）。有經驗的媽媽都知道，這種不拉則已，一拉絕對土石流，會溢出尿布到整個背都沾滿屎，如果人剛好在外面，真的不知道該如何在不失禮的情況下，把小孩與屎清理乾淨。

隨著時間逼近，我天天抖腳在想哥哥大便炸彈到底何時會業力大引爆，偏偏到見面當天都沒有動靜。新手媽媽的我實在太怕他在外面給我炸屎，最後折衷改成約在我婆家巷口的餐廳簡單聚聚，這樣如果哥哥大噴漿，我還可以趕快把他抓回婆家洗一下。

熬過嫩嬰階段，你以為會比較輕鬆嗎？才不會！至少以我身為男孩之媽的經驗來說，越大只是越累，因為小男孩坐不久，就算帶著他們硬跟朋友聚會，我也幾乎一半的時間都在應付小孩，讓他們一下玩車、一下玩貼紙書、一下抱出去繞一繞，朋友們聊什麼我都跟不上。

全職媽媽很容易以方便照顧小孩為由，越活越宅。

幾次之後會覺得算了，與其帶小孩出去參加沒什麼品質的聚會，不如自己跟小孩把時間混過去比較實在，至少小孩有需求時，我們可以好好回應跟處理，也不用擔心造成朋友困擾。

所以當了媽媽後，對老朋友而言往往就像人間蒸發，改成跟新認識的媽媽朋友混在一起，大家至少可以約著一起遛小孩殺時間。只是講坦白的，媽媽間本身不見得有什麼交集，如果不是因為小孩差不多大，現實生活中可能根本做不成朋友。當然說起來，還是會很感謝那水深火熱的一兩年，能有媽媽朋友互相陪伴。但隨著小孩紛紛去上幼兒園，有的媽媽回歸職場，有的懷老二，這些曾經週週見面的媽媽友就會曲終人散，幾年後在路上偶遇都不見得會打招呼。

而這全職媽媽的孤獨感，在我生了弟弟後感受更為強烈。身為二寶媽，已經有點老鳥心態，要我充滿熱情與好奇心，跟新手媽媽交流育兒種種，或是在活動教室看到小孩年紀差不多大就搭話認識，會有點乏。而且因為還要顧大寶，時間變得很不彈性。更不用說弟弟出生一個月就遇到 Covid19 疫情，幾乎都躲在家，讓我連跟別的媽媽客套硬聊的機會都沒了。

幾年下來，當我們的社交需求被淡化到一個程度，「宅」會成為一種很內化的習慣，就算小孩開始上學，我們時間變多了，也會缺乏踏出門跟朋友聚會聊天的動力，不自覺推掉朋友的聚會邀約。

不過人終究是需要社交的，雖然說好聽一點，全職媽媽很能享受一個人的時光，但當我終於跟朋友見面時，我還是會深深感覺到自己其實是很愉悅的，很高興能好好訴說生活近況（因為老公都沒在聽），很高興能聽聽朋友最近在忙些什麼。而在這輸出、輸入的過程中，很多新的感受、想法會油然而生，帶給宅媽世界新的漣漪。

有了這個自覺後，現在的我比較常主動邀約朋友，一個月幾次也好，去跟老朋友或是以前的同事聊聊，讓大家知道你小孩大了，很好約了，以後有聚會可以揪，明確且公開把自己的社交無痕模式關閉。在這些人際互動之中，除了情感上的交流，我們也會建立新的連結、獲得很多新的資訊，而這些「點」，有天可能會突然連成一條線，甚至宇宙大爆發串成一個網，引領我們找到新的人生契機。

不想越活越封閉，跟老朋友們重新維繫感情，是最簡單的開始。

不想越活越封閉，希望能持續發掘新機會，遇見新的自己，最簡單的開始，就是先跟老朋友們重新維繫感情吧！

PLAN 17

本書必學菜第一名

洋蔥的香甜與軟嫩的腩排，永遠不夠大家吃。

今日菜單

- 洋蔥燴腩排
- 蔥爆蝦
- 香腸菜飯
- 蒜炒高麗菜
- 四寶湯

每當工作遇到很煩心的事時，我特別期待去接弟弟放學。他一看到我二話不說就拋下手邊的玩具、滿臉笑容衝來，讓我感覺他好愛我，總給我莫大的鼓勵。

回家路上，他會跟我分享一些有的沒有的，像是點心是關東煮但他只吃到一塊米血糕（弟弟表示切心），點心是肉鬆稀飯但他只吃到一碗（弟弟表示痛心），或是某某老師請假因為要拜拜。我邊開車邊聽他煞有介事地講著，是我離煩憂最遠的時刻。

雖然沒多久後回到家，例行家務排山倒海而來，還是會讓我再度緊繃，進入作戰模式，有時也會罵罵小孩。但我還是很感謝他每天傍晚時的陪伴，讓我有機會放下煩心事，蹲下來用他純真的角度看世界，跟他討論那些他在意的，小小的大事。

主婦流備餐戰略

洋蔥燴腩排是我跟朋友媽媽學的，洋蔥的香甜與軟嫩的腩排我一吃嚇死，趕緊去打聽食譜，從此成為我過節宴客的必殺菜。這道菜出乎意料地簡單，只需要花時間炒洋蔥跟燉肉，手法或調味都毫無難度。我都會趁前一晚煮飯時，順便把這道做好，隔天回熱就可以吃，讓上大菜變得很輕鬆。如果要我推薦本書必學的一道，那就是它了。

❶ 提前製作洋蔥燴腩排，開飯前可用鋁箔紙包起，放入烤箱以 200 度回熱 15 ～ 20 分鐘。

❷ 製作香腸菜飯。

❸ 利用菜飯燜煮的時間（15 分鐘），開始分別炒蝦及高麗菜。

❹ 最後煮湯，同時收拾廚房。

洋蔥燴腩排

食材

- 腩排500g（或肋排）
- 洋蔥2顆，逆紋切絲備用

調味料

- 蠔油2大匙（我使用李錦記熊貓牌鮮味蠔油）
- 米酒2大匙

其他

- 水200ml

作法

❶ 燉鍋中以適量油熱鍋，加入洋蔥絲，以中小火拌炒至焦糖色，炒得越軟，醬汁越甜。

❷ 用另一個平底鍋，將腩排放入鍋中，乾煎至表層金黃微焦。

❸ 腩排放入燉鍋，加入蠔油、米酒與水，與洋蔥混合均勻後，轉小火慢燉最少1小時至肉軟嫩、醬汁變濃稠，即完成。

*若趕時間，洋蔥絲用1杯水蒸軟後再炒，會比較快。

*若排骨肉量有增減，調味料可依比例自行調整。

香腸菜飯

作法

1. 將1杯米洗淨瀝乾，3株青江菜切細段，3根香腸切小塊，蒜頭2顆拍碎，清高湯退冰備用。
2. 以少許油熱鍋後，加入蒜頭爆香，接著加入香腸煎至表層金黃。
3. 加入青江菜略作拌炒，接著將米與1.1杯的清高湯倒入鍋中，與食材攪拌均勻，待湯汁微滾，蓋上鍋蓋以微小火燜煮15分鐘，即完成。

四寶湯

作法

1. 以少許香油熱鍋，加入1顆牛番茄塊，炒至番茄表層變軟。
2. 加入300ml清高湯（可趁機把煮菜飯剩下的清高湯用掉，不夠的量補水就好）及豆腐，以小火滾3～5分鐘。
3. 加入1把小白菜（可趁機將煮菜飯剩下的青江菜用掉），蔬菜煮軟後打入1入顆蛋花，最後以適量鹽巴調味，即完成。

蒜炒高麗菜

蔥爆蝦

食材

- 白蝦２００g
- 蔥３根，切成蔥花備用
- 蒜頭２顆，切成蒜末備用
- 辣椒１根，切細段備用

調味料

- 醬油１大匙
- 紹興酒或其他料理酒１大匙

口味一

❶ 以適量油熱鍋後，爆香蒜末與蔥花。

❷ 加入白蝦拌炒至表層轉紅後，加入醬油、紹興酒及辣椒片，與白蝦拌炒均勻，即完成。

口味二

❶ 將１小節薑切片、３根蔥切段、２顆蒜頭拍碎、１根辣椒切斜段備用。

❷ 以適量香油熱鍋後，爆香蔥、薑、蒜，接著加入白蝦拌炒至表層轉紅，最後加醬油及米酒各約１大匙，拌炒均勻即完成。

當我為工作煩心時，特別感謝孩子純真的陪伴。

PLAN 18

超低門檻的豐盛菜

雞腿「蒸的就好吃」，微酒香的肉汁超香！

今日菜單

- 蔥油淋雞
- 肉末豆腐
- 沙拉筍佐辣椒醬油
- 蒜炒小芥菜
- 娃娃菜蛤蜊雞湯

哥哥一年級時某天我接到班導的電話，說他下課玩耍時不慎摔倒，手肘落地的瞬間傷到骨頭，被送去急診了。

趕到醫院時，哥哥還要做一系列的檢查，被禁水禁食，又渴又餓，嘴唇都發白了。醫生看完片子說，哥哥手有點脫臼跟骨裂，骨裂會自行癒合，但脫臼就需要喬了。考量哥哥這年紀耐不了痛，建議直接全麻，要禁食更久，折騰大半天，最後八點才離開醫院，虧我本來還一直跟哥哥說回家要煮什麼晚餐給他吃。

煮飯給家人吃是我的日常，也是我們一家能平順度日的軌跡，一家人只要能全員到齊一起吃頓晚餐，就代表一切安好。直到那天，才意識到自己很依賴這過程中帶給我的安全感與歸屬感。

體悟了這點，看待自己主婦生活又多了一種篤定，原來我在廚房，不是只有付出。

主婦流備餐戰略

這篇雖然歸類在豐盛上菜的章節，但唯一比較需要處理的環節就是切蔥花、再燒點熱油淋上，做成簡易版的蔥油。除此之外，其他的部分都不費工，雞腿肉甚至只要用蒸的就好，而且光這樣蒸出來就很好吃，帶有紹興酒香的肉汁拌飯或拌麵都一百分，不愛吃蔥或是懶得做蔥油的話也無妨。所以說起來，這桌菜雖然豐盛，但門檻根本低到不行呀！

❶ 將雞腿肉抹上調味料後，放入電鍋蒸，接著製作蔥油。
❷ 炒肉末豆腐，利用燉煮入味的時間，取湯鍋將娃娃菜放入快速炒過，加入清高湯煨煮。
❸ 接著炒小芥菜、切沙拉筍，雞腿肉蒸好時取出放涼切片。
❹ 將蛤蜊丟進湯裡煮開。

PLAN 18

蔥油淋雞

食材

- 去骨雞腿排1片
- 蔥2～3根，切細段備用
- 拇指大小的薑，磨泥或切碎備用

調味料

- 鹽適量
- 白胡椒鹽適量
- 紹興酒2小匙（或米酒，要給小小孩吃的話也可省略）

其他

- 食用油30～50 ml，可依蔥量調整。

作法

❶ 雞腿排置於盤中，薄撒一層鹽巴跟白胡椒鹽在表層，以手指抹勻，淋上紹興酒。置入大同電鍋，以外鍋1杯水蒸熟（若沒有電鍋，可改用直火蒸約20分鐘）。

❷ 將蔥花、薑末與1茶匙鹽置於小碗中，倒入燒熱的油，製作成蔥油。

❸ 雞腿肉蒸熟放涼後切片，淋上蔥油，即完成。

沙拉筍佐辣椒醬油（或美乃滋）

蒜炒小芥菜

娃娃菜蛤蜊雞湯

食材

- 娃娃菜
- 蛤蜊

作法

❶ 以少許香油或食用油熱鍋後，將娃娃菜大致炒軟，接著加入清高湯，可視情況加點水把水量補滿。

❷ 待娃娃菜燉軟後，加入蛤蜊煮開，即完成。

肉末豆腐

食材

- 豬絞肉 200g
- 嫩豆腐1盒，切小塊備用
- 蒜頭1～2顆，切成蒜末備用
- 蔥1～2根，切細段備用

調味料

- 醬油2大匙
- 白砂糖½小匙

其他

- 水1米杯

作法

❶ 以少許香油或食用油熱鍋後，爆香蒜末與蔥花。加入豬絞肉拌炒至熟，接著加入醬油與糖，與絞肉拌炒均勻。

❷ 加入水與豆腐，輕輕攪拌均勻，蓋上鍋蓋以小火煨煮10分鐘，即完成。

在廚房忙碌雖然不輕鬆，但能與家人好好吃頓飯，對我意義很大。

PLAN 19

啃到沒人講話

鹹甜的蜜汁排骨是聊天殺手，啃到欲罷不能。

今日菜單

- 蜜汁排骨（腩排）
- 香酥鱈魚
- 脆炒大黃瓜
- 蒜炒空心菜
- 番茄剝皮辣椒湯

我習慣在吃晚餐前，先把廚房大致收好，這樣才能用比較放鬆的心情吃晚餐，不會有種吃完又要收拾廚房老半天的壓力。這天剛好孩子們也一直喊餓，就讓他們先上桌吃，我把鍋子洗一洗再加入。

洗鍋子時一度覺得氣氛怎麼有點低迷，大家都安安靜靜的沒在聊天，我還想說是不是有誰心情不好，結果抬頭一看發現是我誤會，因為家裡那三個男的都超認真在啃蜜汁排骨，原來是嘴巴忙到沒空說話！

看到這一幕我就放心了，速速把鍋子洗好要去一起啃，結果屁股都還沒坐熱，哥哥就問我蜜汁排骨吃完還有嗎？我說沒有耶！他還跟弟弟一搭一唱哀嚎說這樣怎麼夠吃。我說這種菜就是要搶著吃才好吃啦！另外還有魚啊！我沒說出口的是，腩排那麼珍貴，我怎麼捨得一次煮兩包！

主婦流備餐戰略

很多蜜汁排骨的食譜都會有油炸的程序，所以一直被我歸類在大菜裡，從來沒有想過要做。但後來我把炸的步驟改成煎，發現超級好吃，而且大部分的時間只是把排骨放進鍋裡燉煮，直到醬汁收乾，食材才需要頻繁翻動，讓排骨上色，製作概念非常簡單，照著醬汁比例做就一定會成功。簡化後的蜜汁排骨，不但日常就能吃，過年聚會時也很適合端出來，可以提前做好，吃之前再烤一下就好，學到賺到啦！

❶ 製作蜜汁排骨。
❷ 利用燉肉的時間，抓醃大黃瓜，出水後即可先炒起來。
❸ 製作番茄剝皮辣椒湯，另一鍋可開始炒空心菜。
❹ 最後煎鱈魚。

蜜汁排骨（腩排）

食材

- 腩排500g（或肋排）
- 薑末1小匙 ‧蒜末1小匙

調味料

- 醬油2大匙
- 紹興酒1大匙（可省略）
- 白砂糖1大匙＋1小匙
- 蜂蜜1大匙 ‧烏醋2小匙
- 白芝麻1小匙（裝飾用，可省略）
- 水200ml

作法

1. 將腩排以各1大匙的醬油、紹興酒及各1小匙的白砂糖、薑末、蒜末，抓醃靜置半小時。
2. 以油熱鍋後，放入腩排，煎至表層變金黃色。接著於同一鍋，倒入各1大匙的醬油、白砂糖及2小匙烏醋、200ml水，不蓋鍋蓋，以中小火燉煮約40分鐘，過程中偶爾翻面，確保均勻入味。
3. 當醬汁收乾轉濃稠、微冒泡時，轉中火並頻繁翻轉腩排，讓醬汁均勻沾上腩排，最後淋1大匙蜂蜜，撒上白芝麻妝點，即完成。

蒜炒空心菜

脆炒大黃瓜

作法

❶ 1 根大黃瓜削皮去籽後切薄片置入大盆，撒上 1 茶匙鹽抓醃，靜置 10 分鐘待其出水。

❷ 大黃瓜出水後，瀝掉多餘水分，無需再額外沖洗。

❸ 以少許油熱鍋，加入蒜片爆香，再放大黃瓜片中火快炒 3 分鐘，加鹽調味，即完成。

番茄剝皮辣椒湯

作法

❶ 以少許香油熱鍋後，加入 1 顆牛番茄塊拌炒至軟。

❷ 加入剝皮辣椒丁（3 條，可依口味調整）及 1 小匙蒜末略作拌炒後，再加入 500 ～ 600ml 熱水。

❸ 待番茄煮軟，加鹽或醬油調味，也可再加青菜或豆腐，即完成。

香酥鱈魚

＊若沒有日本東丸炸雞粉，也可以沾麵粉或地瓜粉，煎好後再撒鹽。

食材

- 厚切扁鱈 1 片（約 385g）

調味料（將以下混合均勻作為炸粉）

- 日本東丸炸雞粉 1 包
- 地瓜粉 1 大匙
- 鹽巴 ½ 茶匙

作法

扁鱈退冰以餐巾紙吸乾水分，兩面均勻沾裹炸粉（用手輕壓讓炸粉附著），以中小火煎至金黃，即完成。

PLAN 20

經典不敗的家庭餐

鹽麴雞唐揚口味優雅細緻，兄弟一試成主顧。

今日菜單

- 鹽麴雞唐揚
- 鹽昆布馬鈴薯雞蛋沙拉
- 四季豆佐芝麻醬
- 焦糖玉米飯
- 關東煮湯

兄弟倆相差整整五歲，說起來，他們每個階段的相處模式都不一樣。

頭幾個月哥哥覺得弟弟無害又可愛，直到弟弟會爬後，不時無差別攻擊他的玩具，他才開始有點警覺，但還是盡量不跟弟弟計較。他倆大致安好到弟弟兩歲左右，直到弟弟變得什麼都想跟哥哥一起做，可惜能力落差太大玩不了，就玉石俱焚讓哥哥也不能玩，經常把哥哥搞瘋。

排解兄弟倆的低級糾紛讓我心力交瘁，多次苦口婆心跟哥哥說，要給弟弟時間長大。一轉眼，弟弟已經四歲半，很多哥哥愛玩的東西，弟弟都懂了，兄弟倆可以一起畫畫、玩樂高、桌遊、寶可夢、玩具車，現在哥哥只要寫完作業，第一件事就是衝去客廳大喊：「弟弟，來玩吧！」

我說：「有弟弟很棒吧！他現在就是你最好的玩伴。」哥哥終於承認了，微笑點點頭。

主婦流備餐戰略

雞唐揚是我們週末夜常見菜色之一，有時我會自己調醬料醃（第一本書《林姓主婦的家務事》中有教），有時會用日本的日清、東丸炸雞粉，而這次教的鹽麴口味，優雅細緻吃起來非常美味，兄弟倆一試成主顧。

焦糖玉米飯也是我們家的不敗料理，新鮮玉米的脆甜讓人一口接一口，搭配馬鈴薯雞蛋沙拉跟關東煮湯，是一桌吃了很有幸福感的日式家庭料理！

❶ 馬鈴薯雞蛋沙拉跟四季豆佐芝麻醬是吃冷的，可以提前製作冰起來。

❷ 熬煮關東煮湯料（主要是蘿蔔需要燉軟）。

❸ 雞唐揚抓醃（需醃 20 分鐘）。

❹ 製作焦糖玉米飯。

❺ 利用等炊飯的時間，煎炸雞唐揚。

鹽麴雞唐揚

食材

- 無骨翅球 300g，也可使用去骨雞腿排 1 片，再自行切塊
- 薑泥 1 茶匙
- 蒜泥 1 小匙

調味料

- 鹽麴 1 又 ½ 大匙

其他

- 麵粉或太白粉 3 大匙
- 雞蛋 1 顆，打成蛋液備用

作法

❶ 雞肉用鹽麴、薑泥及蒜泥抓醃。
❷ 20 分鐘後，將雞蛋與麵粉或太白粉混勻，倒入盆中，讓雞肉裹上。
❸ 以適量油熱鍋後，將雞肉入鍋，以中小火煎至金黃色，即完成。

四季豆佐芝麻醬

作法

四季豆洗淨、去除纖維後，放入熱水中煮 2 ～ 3 分鐘，撈起放涼，吃之前淋上日式芝麻醬，即完成。

鹽昆布馬鈴薯雞蛋沙拉

作法

❶ 將 1 顆馬鈴薯去皮切塊，用大同電鍋以 2 杯水蒸軟，放涼後搗碎。

❷ 將 1 顆蛋煮熟（水煮 8 分鐘），放涼後切碎。

❸ 取一個大盆，倒入馬鈴薯泥與水煮蛋丁，加入 2 大匙 KEWPIE 美乃滋及適量鹽（邊加邊試鹹淡），全部拌勻，即完成。最後可加少許鹽昆布增添風味。

關東煮湯

作法

❶ 於 1L 水中，加入兩包日式高湯包、各 1 小匙的醬油、味醂，製作成湯底。

❷ 放入喜歡的關東煮料，如白蘿蔔、玉米、甜不辣、竹輪、玉米筍、香菇等，煮熟後即可享用。

❸ 關東煮沾醬配方為：各 1 大匙的味噌與糖、2 大匙甜辣醬（愛之味）、3 大匙水，於小鍋中煮到微滾後，加太白粉水勾芡至濃稠，即完成。

焦糖玉米飯

＊我是使用鑄鐵鍋，可以一鍋到底，沒有的話，可以用平底鍋將玉米及米粒炒過，再放入電鍋將飯煮熟。

作法（可依家庭食量等比調整食材用量）

❶ 1 杯米洗淨瀝乾，並將 1 根甜玉米的玉米粒刨下備用，玉米芯留著。

❷ 以油熱鍋後，加入玉米粒拌炒至轉黃、甜味飄出，接著加入各 1 大匙的醬油、白砂糖拌炒。

❸ 待玉米均勻沾上醬料後，倒入生米略作拌炒，最後加入 1.1 杯水，並將玉米芯鋪在上方，水滾後蓋上鍋蓋，以小火燜煮 15 分鐘，即完成。

PLAN
21

清爽舒服的一餐

酸甜不膩口的梅子醬，完美襯托雞肉跟地瓜！

今日菜單

- 地瓜梅子燒雞
- 鹽烤檸檬魚下巴
- 麻香涼拌小黃瓜
- 蒜炒花椰菜
- 味噌豆腐貢丸湯

帶弟弟去餐廳，點完餐後，弟弟用手托著下巴靠在桌上等待。看他這樣可愛可愛，我說：「告訴你一個祕密好不好？」他眼睛瞪大點頭。

我說：「你知道你脖子後面很香嗎？」邊說邊用手點了他後脖子幾下。明明我是第一次說，他卻好像很瞭的樣子，點頭表示他知道。我說：「可是這是你自己永遠都聞不到的地方，好可惜喔，那媽媽多聞一下可以嗎？」他點頭表示 yes you may.

接著，我就把整個臉埋進他的後脖子狂吸狂蹭，吸完後瞄他一眼，他下巴靠在桌上微笑地享受著。我說：「你真的是太香了，媽媽還可以繼續聞嗎？」弟弟點頭。

反覆玩幾次後，他說：「其實你不用每次每次問我啦，你就聞呀～」講完繼續微笑等我靠過去聞。哎呀那我就不客氣了（狂吸十分鐘）。

主婦流備餐戰略

我很喜歡梅子酸酸甜甜的口味，不時會將梅子入菜，滷肉時丟幾顆，就能滷出回甘的絕妙滋味。而地瓜梅子燒雞則是我很喜歡的新作法，酸甜不膩口的梅子醬完美襯托雞肉跟地瓜，搭配肉質細嫩的烤魚下巴、清脆爽口的麻香鹽味小黃瓜，再來碗台式味噌湯，超棒。

❶ 先製作地瓜梅子燒雞。
❷ 煎炒雞肉的同時，抽空把魚放入烤箱。
❸ 煮一鍋水，丟貢丸及豆腐進去煮。
❹ 製作涼拌小黃瓜與炒花椰菜。
❺ 於湯鍋中加入適量味噌，調到喜歡的鹹度。

地瓜梅子燒雞

食材

- 無骨翅球或去骨雞腿肉 300g
- 地瓜1顆，切小塊備用（切小塊較好燜透）

調味料

- 醬油1大匙 • 味醂1大匙
- 醃梅糖水1大匙（我習慣用紫蘇梅，若糖水偏酸，可加點白砂糖或蜂蜜調和一下）

作法

❶ 少許油熱鍋後，加入無骨翅球或去骨雞腿肉切塊，以中火煎至表層金黃。

❷ 加入調味醬汁，略煮幾分鐘，讓無骨翅球表層上色。

❸ 將地瓜鋪在底層，隨意放幾顆紫蘇梅，蓋上鍋蓋以小火燜煮約15分鐘，待地瓜熟透至筷子可輕鬆插入的程度，即完成。

＊雞肉跟地瓜隨著燜煮會慢慢出水，所以只要確保全程使用小火，鍋子也有一定的密合度（水氣才不會一直散出），就不用擔心燒焦。

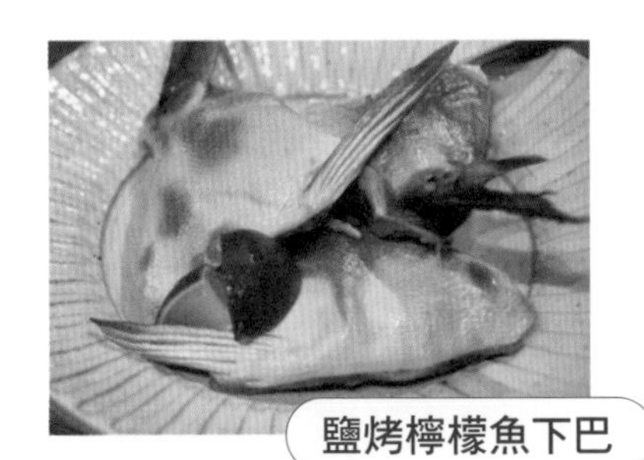

鹽烤檸檬魚下巴

作法

魚下巴以 200 度烤 20 ～ 25 分鐘（看大小及厚度），吃之前撒鹽跟擠檸檬汁，即完成。

麻香涼拌小黃瓜

作法

將 2 ～ 3 根小黃瓜削皮後滾刀切塊（就不會有澀味），淋上適量日本芝麻油或香油，再撒點鹽抓勻，即完成。

蒜炒花椰菜

味噌豆腐貢丸湯

作法

❶ 起一鍋熱水，將貢丸及豆腐塊（板豆腐、嫩豆腐皆可）放入。

❷ 待貢丸煮熟浮起，即可加入適量味噌至自己喜歡的鹹度，最後撒些柴魚花片及蔥花，即完成。

＊這是在涼麵店會喝到的台式味噌湯，我特別去超市買小包的十全味噌，煮起來才對味，也可打蛋花，喝了會覺得很台、很親切。

PLAN 22

一吃就停不下來

吸滿大蒜醬油的帶骨梅花肉，啃到吮指回味。

今日菜單

- 蒜香醬油薄骨嫩肩排
- 酪梨沙拉
- 香煎馬鈴薯
- 和風培根野菇義大利麵
- 綜合時蔬湯

帶弟弟去接哥哥前，卡通剩三分鐘沒看辦法看完，讓弟弟一路生悶氣。

接到哥哥後，我小聲跟他說：「弟弟不開心，你跟他玩一下。」哥哥說沒問題，立馬從包包裡拿出玩具，跟弟弟玩一些很廢的小遊戲，弟弟果然一秒被逗樂，跟哥哥進入北七二人組的世界。

看哥哥對弟弟那麼有辦法，我又小聲跟他說：「謝囉！因為你是弟弟最好的朋友嘛～」哥哥聽到得意地笑了。我頂了頂他肩膀，問他那他最好的朋友是誰？沒想到他不假思索說是弟弟。我說竟然是弟弟！從什麼時候開始的？哥哥說：「一直都是啊，雖然他有時候很煩。」

哥哥說長大要住弟弟附近，弟弟說要跟哥哥一起養狗，天天去找哥哥打Switch。

願這份感情，會伴你們一生。

主婦流備餐戰略

這是一吃就停不下來的大蒜醬油口味，薄骨嫩肩排是帶薄肩骨的梅花肉，買不到的話，也可改用雞腿排或雞翅。料理關鍵是先在肉上撒一點鹽跟麵粉，煎熟後再下大蒜醬油，就足以讓人吃到吮指回味。

香煎馬鈴薯極好吃，我怕它在照片裡太低調純樸會被忽略，特別呼籲大家做做看。和風培根義大利麵也是我們家很愛的日式洋食口味，搭配蔬菜湯就是很棒的一餐。

❶ 先製作蔬菜湯跟蒸馬鈴薯。

❷ 烹調義大利麵的同時，可另起一鍋以中小火慢煎馬鈴薯。

❸ 煎薄骨嫩肩排，等煎上色的同時，抽空準備酪梨沙拉。

蒜香醬油薄骨嫩肩排

食材

- 薄骨嫩肩排500g
- 蒜頭2～3顆，磨成蒜泥備用（約1大匙）

調味料

- 醬油1大匙
- 白砂糖1小匙
- 喜歡奶油香的話，可準備1小塊

其他

- 水2大匙
- 麵粉適量（各種筋性都可以）
- 鹽適量

作法

❶ 於薄骨嫩肩排上撒上薄薄一層鹽巴跟麵粉，以適量油（若要加奶油，可趁此時放入1小塊）用中小火煎至熟。

❷ 將蒜末、醬油、白砂糖跟水混合，淋在肉上，待肉每面都均勻吸附醬汁，即完成。

香煎馬鈴薯

作法

❶ 將2～3顆進口馬鈴薯（多為美國、澳洲產，全聯就有，質地較綿密）洗淨後，整顆放入大同電鍋，以1杯水蒸軟。

❷ 蒸軟後取出切大塊，於鍋中加入適量油，以中小火慢煎至表層金黃，也可丟幾顆帶皮大蒜增添香氣，最後撒鹽及胡椒，即完成。

綜合時蔬湯

作法

❶ 以少許油熱鍋後，加入半顆洋蔥丁炒至金黃，接著加入紅蘿蔔丁、南瓜、番茄炒至軟，再鋪上1大把高麗菜（我是加大概半顆）。

❷ 於鍋中加入2包清高湯（共600ml），蓋上鍋蓋以小火燜煮至蔬菜軟，撒點鹽跟胡椒即完成。

＊蔬菜量跟種類都可以隨意調整，像是加櫛瓜、玉米筍、花椰菜都可以，唯一要隨之調整的就是高湯及鹽巴的用量，製作很彈性。

＊也可於拌炒洋蔥時，加入一些培根爆香。

酪梨沙拉

和風培根野菇義大利麵

作法

❶ 先煮水，水滾後加1小匙鹽，開始煮義大利麵，可比包裝上建議的烹調時間少1～2分鐘，提早取出瀝乾，同時保留半碗煮麵水。

❷ 將5片培根切粗段後，熱鍋直接放入爆香，逼出油脂。若覺得油脂偏少，可補點油炒。

❸ 放入半顆洋蔥絲及2～3蒜片爆香，接著放入約1大碗秀珍菇（或其他菇類），拌炒至秀珍菇出水變小。

❹ 將煮好的義大利麵倒入鍋中，與料拌炒均勻後，放入各1大匙的醬油、味醂、清酒（可省略）。

❺ 加入半碗煮麵水，小火煮1～2分鐘，讓麵芯熟透、麵條入味。最後再依個人口味加點鹽巴及黑胡椒，即完成。

*和風口味的關鍵在於使用醬油、味醂、清酒這三劍客來調味，但醬油主要是打底提香，不足的鹹度靠鹽巴補上即可，才不會死鹹。

*若喜歡奶油香，可於拌炒食材時放一塊進去。

*義大利麵的份量，成年男性約可吃100～120g，成年女性約80～100g，小孩就看年紀跟食量下修。確切用量需視其他菜色調整，假設有菜有肉有湯，成年男性可抓100g，成年女性80g，才不會過飽。

主婦小撇步

04

把花椰菜洗乾淨的小祕訣

花椰菜很健康營養，但那濃密的頭髮實在讓人很擔心洗不乾淨，這邊教大家我清洗花椰菜的SOP。

❶ 用蔬果清潔劑（我習慣用淨毒五郎的）在花椰菜的頭髮上噴幾下。

❷ 用手搓搓頭髮，接著倒栽蔥放入盆中，加點水蓋過，浸泡 2 ～ 3 分鐘。

❸ 拿兩根筷子，從不同角度交叉穿過花椰菜根部，讓頭髮可以朝下泡在水中，以流水繼續清洗幾分鐘，讓清潔劑及髒汙徹底流掉，即完成。

還沒當主婦前，我以為花椰菜的蟲是躲在頭髮裡，後來才知道原來是藏在它的該逼（？），也就是根部的隙縫。所以清洗後準備分切時，務必看清楚人家該逼有沒有躲蟲，有的會有青綠色的保護色（想到我都要吐了），很容易漏抓，要看仔細喔！

PLAN 23

連煎鱸魚排都經典

甜椒王子弟弟為之瘋狂、吃到拍手的一桌菜！

今日菜單

- 甜椒鑲肉
- 香煎鱸魚排
- 蔥燒豆皮
- 蒜炒花椰菜
- 蛤蜊絲瓜湯

前幾天弟弟感冒，連續三、四天沒好好吃飯，昨晚食慾終於回來一些了。我跟他說晚餐吃完的話，明天就買甜椒給他吃！愛吃甜椒的弟弟聽了眼睛一亮，馬上大口把飯吃光。

今天依約買了水果甜椒，到幼兒園接弟弟時，我跟他說：「晚上要做甜椒鑲肉給你吃喔！」弟弟高興得一路彈跳到車上，光想到能吃甜椒就如此開心，這孩子也滿好打發的（笑）。

晚餐一開飯，弟弟手刀奔上桌，熟練地把手指套進學習筷，夾了甜椒鑲肉塞嘴裡，後來又夾了兩塊，整場吃得心滿意足，只差沒拉起甜椒的手轉圈。看他吃成這樣，我不爭氣地問他如果媽媽跟甜椒掉到海裡，他會救誰。他想了很久害我心兒怦怦跳，還好他最後說媽媽，能贏過甜椒我真是太欣慰了（也可能是因為他已經吃飽了）。

主婦流備餐戰略

要做甜椒鑲肉，得花幾分鐘時間把抓醃過的肉泥填進甜椒裡，但除此之外，就只是煎跟下調味料而已，沒有什麼細膩的手法需要費心。可以的話，我都會趁白天先把甜椒填好肉泥冰冰箱，就可省下晚餐前備料的功。這篇教的香煎鱸魚排也很值得一學，透過三個小步驟，就可以煎出非常酥脆的鱸魚排，是一端出小孩就會搶著吃的人氣單品呢！

❶ 將甜椒鑲肉入鍋煎（可以的話提前填好肉泥），同時開另一鍋煎鱸魚片，兩者都需要中小火煎一下，一起顧火不會太麻煩。
❷ 甜椒鑲肉跟鱸魚片煎好後，開始分別煎豆皮跟炒花椰菜。
❸ 最後煮蛤蜊絲瓜湯。

PLAN 23

甜椒鑲肉

食材

- 豬絞肉或雞胸／雞腿絞肉200g
- 水果甜椒3～4顆（因大小而異），洗淨切對半去籽

調味料

A 絞肉醃料

- 醬油2小匙
- 太白粉1大匙

B 調味醬汁

- 醬油1大匙
- 味醂1大匙
- 白砂糖1小匙
- 開水3大匙

作法

1. 將絞肉用A醃料抓醃後，填入甜椒中，並用湯匙背面將肉泥壓實刮平。
2. 以適量油熱鍋後，轉中小火，肉的那面先入鍋，煎至肉變金黃色後，翻過來煎甜椒面。
3. 待甜椒表層微焦後，讓肉面再度朝下，並於鍋中淋上調味醬汁，轉中火讓湯汁收乾轉濃稠，即完成。

蒜炒花椰菜

蔥燒豆皮

作法

❶ 取 1 顆雞蛋打散，將 4 片生豆皮均勻沾上蛋液，入鍋以中小火煎至兩面金黃，取出切成長條。

❷ 將 2 根蔥段放入鍋中爆香後，加入 1 大匙醬油、1 小匙白砂糖跟 ½ 米杯的水。

❸ 將豆皮放入鍋中，待醬汁收乾，豆皮入味，即完成。

蛤蜊絲瓜湯

作法

以少許油爆香薑絲，放入絲瓜塊、蛤蜊與高湯（清高湯或日式高湯皆可），湯滾後蓋鍋燜煮 3～5 分鐘，待蛤蜊打開、絲瓜燜軟，即完成。

香煎鱸魚排

作法

❶ 鱸魚排切成 3～4 塊備用（切小塊會更好煎到酥脆，這是訣竅一），撒適量鹽在魚皮上，靜置 10 分鐘待其出水，並用餐巾紙輕輕壓乾（訣竅二）。

❷ 鱸魚排兩面均勻沾上薄薄麵粉（訣竅三）。

❸ 以適量油熱鍋後，將魚排放入，以中火煎，邊煎邊輕壓，讓魚皮能均勻受熱，待煎到恰恰，即完成，可依個人口味再撒點鹽巴、黑胡椒。

PLAN 24

最簡單的週末大餐

咔滋雞腿排＋焦糖燒玉米跟濃湯，小孩最愛！

今日菜單

- 香煎雞腿排佐櫛瓜
- 焦糖燒玉米
- 水煮蛋
- 蒜炒花椰菜
- 南瓜玉米濃湯

哥哥剛上小學時，回家跟我說他發現午餐沒吃完沒關係，找到這個小漏洞讓他很得意，有天甚至只吃白飯配鳳梨，那次我動怒了，很嚴厲叫他要努力去嘗試各種菜色，沒想到他哭著說：「你怎麼知道我沒有努力！不然你來學校看我啊！」我聽了哽咽到說不出話。

做父母的很容易結果論，只憑片面資訊就開始評斷。為什麼上台表演時不大方一點？為什麼考試時不細心一點？為什麼午餐時不多嚐新食物？

直到哥哥回我那句，我才意識到，就算看起來沒什麼成果，也不代表孩子沒有試著努力。如果我們在場，或許會看見孩子上台前深呼吸好幾下、考卷檢查到最後一刻才敢交、皺眉嚐了一小口新食物。

想想小孩每天在學校要面臨多少挑戰，他們肯定都有用自己的方式在努力了。

主婦流備餐戰略

這頓飯擺起來很像外面的簡餐料理，張羅起來卻不麻煩。能那麼不費力，主要是雞腿排完全不需要沾粉，把雞皮那面直接入鍋，連油都不用放，拿個壓肉板或鑄鐵鍋鍋蓋壓在上面，讓雞皮緊貼鍋面，就可以煎出咔滋咔滋的雞腿排，撒點鹽跟胡椒就非常好吃，像極了鐵板燒。焦糖燒玉米也是我們家的秒殺配菜，只要上桌小孩絕對搶著吃，加上甜甜的南瓜玉米濃湯，小孩都高興到瘋啦！

❶ 先製作南瓜玉米濃湯，並將玉米蒸熟切好，水煮蛋煮好（我是用水煮蛋機，很快）。

❷ 分別製作焦糖燒玉米與炒花椰菜。

❸ 最後煎雞腿排與櫛瓜。

香煎雞腿排佐櫛瓜

食材

這道菜的重點在於「煎」的技巧。至於雞腿排的用量，就看大家需要吃幾片，同理，櫛瓜也是如此喔。

作法

❶ 將雞腿排皮的那面直接入鍋，不用放油，以中小火煎至兩面略熟後，拿個壓肉板或是鑄鐵鍋鍋蓋（沒有的話，就手拿鍋鏟壓）壓在雞腿排上面，讓雞皮緊貼鍋面煎至酥脆，最後撒點鹽及黑胡椒，即完成。

❷ 利用鍋面其他空間，同時煎櫛瓜，煎好後撒點鹽跟胡椒即完成。

水煮蛋

蒜炒花椰菜

作法

❶ 取 1 顆中小型南瓜，外皮洗淨後置於大盆，放入大同電鍋，外鍋加 2 杯水蒸至熟透。

❷ 等候的同時，將 1 顆洋蔥切成塊狀，以少許油炒至透明焦黃。

❸ 南瓜蒸熟後取出放涼對切，先將籽挖除，再挖出南瓜泥。最後將南瓜泥、洋蔥、1 罐玉米罐頭（約 200g）連同水、兩包清高湯（600g）放入果汁機中打成濃湯，加熱煮滾即完成。

南瓜玉米濃湯

焦糖燒玉米

作法

❶ 將 2 根甜玉米去殼洗淨，放入大同電鍋，外鍋以 1 杯水蒸熟。放涼後，先切成兩截，再分別立起來，縱切成 ¼ 的條狀。

❷ 取一個平底鍋，放入 1 大匙醬油、1 小匙白砂糖與 50ml 水，以小火邊煮邊攪拌，待糖化開。

❸ 將玉米鋪在鍋中（玉米粒朝下），轉中火讓玉米入味、醬汁收乾，煎至表層微焦，即完成。

輯 5

懶得煮整桌，一道決勝負

——feat. 願我們不要因為成為母親，就忘記自己是誰

一碗飯或麵也可以享受到營養美味，
不想太累、只想簡單吃的時候，
就來這裡來看看吧。

願我們不要因為成為母親，就忘記自己是誰

前一陣子有個好友為了家庭與孩子，放棄了外派到一個很棒的國家一年的機會。看到她輕描淡寫，幾行字就把這件事交代過去，心裡其實有些不捨。

如果在我二、三十歲時，公司給我外派機會，還是個讓人嚮往的城市，我一定頭也不回拉著行李就出發。像我們這種土生土長的台灣人，有多少機會可以體驗國外生活？但這說走就走的瀟灑，在當了媽媽後就蕩然無存，帶著小孩移居國外生活，要轉學、要適應新環境，而一年又是個不長不短的時間，好不容易進入狀況可能又要回台灣了，盤算了一大圈，最終還是放棄踮腳勾一下就可以到手的機會，選擇留在原地，讓家人用熟

悉的模式繼續過日子。

因為理解她取捨背後的考量，理解如果是換做自己，可能也只能做一樣的決定，才更覺得不捨。再一次，母親為了顧全大局，把自己的想望縮到最小，小到用短短幾行字就足以講完一切，彷彿曾有的掙扎不復存在，說放下就放下。

老一輩常說，想做的事就要趁年輕做，現在回頭看來確實是如此，或者應該說，一定要趁生小孩前做。一旦有了孩子，我們就徹底落地生根，不是動不了，而是真要動，肯定會產生許多牽一髮動全身的蝴蝶效應，讓我們很難只為了自己，就勞師動眾請全家人配合。

那當個全職媽媽，事情會不會比較簡單？反正我們早就放下工作，全心以孩子為主，也就沒有那麼多案外案的發展好煩惱了吧？

但老天是公平的，出給全職主婦的功課，不會比給職業婦女的少。

我是一直到當全職主婦後，才深刻體悟到這是個非常殘酷的工作。之所以用殘酷來形容，是我們在小孩還小的時候，必須要投入大量的時間心力給家庭，大多的另一半、家人甚至社會氛圍，也預期我們該這樣做，畢竟我們是全職主婦，講到孩子與家的事，捨我其誰。

但這被要求高度付出的工作，說起來又是個階段性任務，當孩子大了、在學校的時間長了，曾經被榨乾的我們，反而要開始練習「收斂」付出，去找其他的重心，或是努力重回職場。究竟我們要有多少的能耐與智慧，才能做到如此「收放自如」？說起來，那根本是個不斷拋下自我，再重新找回自我的過程，對女性多麼艱難且殘酷。

基於這樣的體悟，我很想跟全職媽媽或是準備當全職媽媽的人說，不需要覺得非得做到百分之百，才能成為所謂稱職的主婦，也不見得非得那麼用力，才能把家裡顧好。

我不曾要求自己要做個高規格主婦，
我週間天天煮飯但從不煮大菜，
我家舒適乾淨但不追求每樣東西都井然有序，
比起拘泥細節，
我更在意的是
用有效率、輕鬆且抓大放小的心態來管理家務事。

如果能跟我一樣，找到忙裡偷閒的訣竅，或許就能騰出百分之二十～三十的時間給自己，結合興趣或所長，去造就另一個你，不只是〇〇媽的那個你。如此一來，當我們身為全職主婦的階段性任務完成，才能從容邁向人生下一個階段，把重心放回自己身上。

保有自我認同與價值，是一輩子的課題，
願我們都不要因為當了媽媽，
就忘記我們是誰。

PLAN 25

任誰都會大口扒飯

速成版的牛肉丼飯，又忙又餓時就想吃它！

今日菜單

- 蔥花牛肉丼飯
- 蔥味噌焗烤起司油豆腐
- 醋溜小黃瓜
- 蒜炒高麗菜
- 蘿蔔鮭魚味噌湯

某次被podcast主持人問，小孩帶給我最大的快樂是什麼？

上節目前一天，我帶當時一歲半的弟弟去散步，他走一走突然有大狗靠近，嚇了他一跳，接下來整路他都變無尾熊巴在我身上。

我邊說：「哎呀媽媽手快斷了～」邊猛聞他後脖子的香味，那個瞬間我領悟到，我的兩個孩子，就是這世界上與我有最深刻連結的人。因為身為母親，我們必須要竭盡所能去照顧、理解他們，解決他們的種種問題，而在這過程中，我們與孩子也產生了無比深刻的連結。他們脫離了我的身體，但臍帶從未真的斷掉，他們的人生以我為起點展開。

我與孩子的深刻，也讓我的人生經歷變得深刻，有此體悟後，我有一種很深層的滿足與快樂。當母親的感動很微妙，有種不知如何說起的感覺，但真要說的話，大概就是如此吧。

主婦流備餐戰略

烤肉／燒肉醬是我家的必備調味醬料之一，Costco 的韓式烤肉醬、敘敘苑原味／蔥味燒肉醬都很愛。有烤肉醬就可以完全省下自行調味的功，肉炒熟、起鍋前淋一點就保證下飯好吃，蔥花牛肉丼飯就是我冰箱只剩蔥也變得出來的一碗飽料理，很適合我們這種視肉如命的男子宿舍。

蔥味噌焗烤起司油豆腐好吃到讓我震撼，簡直日式居酒屋等級，將蔥花拌進簡單調製的味噌醬，填進油豆腐裡再烤，淡淡的鹹香加上油豆腐的香氣，滋味絕妙，拜託做做看啦。

❶ 前一晚先將醋溜小黃瓜醃起來放冷藏。

❷ 製作蘿蔔鮭魚味噌湯。

❸ 製作蔥味噌焗烤起司油豆腐。

❹ 炒高麗菜，另起一鍋炒蔥花牛肉製作成丼飯。

蔥花牛肉丼飯

食材（三～四人份）

- 牛小排火鍋片或其他長條部位，400g
- 蔥 3～4 根，切成蔥花備用

調味料

- Costco 韓式烤肉醬 1 大匙，可依個人口味增減，或換成其他的烤肉、燒肉醬

作法

❶ 以少許油熱鍋後，加入牛肉片拌炒至熟。

❷ 加入蔥花拌炒，最後淋上烤肉醬調成喜歡的鹹度，鋪在白飯即完成。

蔥味噌焗烤起司油豆腐

作法

❶ 味噌、味醂、白砂糖各 2 小匙，攪拌後加入 1 小匙蒜末及 1 小碗蔥花，混合均勻作為醬料。

❷ 將 2 塊油豆腐對切成一半後，再於豆腐剖面處切一刀，塞入味噌蔥花醬（可用手推一下），上方撒一些焗烤起司絲，用烤箱以 200 度烤約 15 分鐘，即完成。

醋溜小黃瓜

作法

❶ 2根小黃瓜切成約1cm薄片後置於大盆中，撒1茶匙鹽抓醃，靜置10～20分鐘，待其出水。

❷ 小黃瓜分批以廚房用紗布包住，輕輕將多餘水分擠出，若沒有廚房用紗布，就直接抓在手中擠擰。

❸ 將小黃瓜拌入糖醋水，調製比例為30g白砂糖＋20g白醋，混合均勻後於冰箱冷藏區放置一夜，會更入味好吃。

蘿蔔鮭魚味噌湯

作法

❶ 將鮭魚肚切塊，放入鍋中乾煎至恰恰後先取出。

❷ 於同一鍋，加入半顆洋蔥絲及⅓條白蘿蔔片（份量可彈性調整），拌炒至洋蔥變金黃。

❸ 加水淹過食材，水滾後放入1包茅乃舍高湯包及鮭魚，燉煮10分鐘至食材熟透，即可關火，最後加入適量味噌調到喜歡的鹹度、撒點蔥花，即完成。

＊這鍋我是使用鮭魚肚，因為帶皮且油脂更豐富，煎一煎會更香。

蒜炒高麗菜

PLAN 26

無心插柳柳橙汁

洋蔥＋醬油＋味醂完美合作再一樁！

今日菜單

- 洋蔥雞肉燥飯佐溫泉蛋
- 芝麻醬涼拌豆腐
- 蒜炒高麗菜
- 油揚味噌湯

某天我一如往常，殺一顆洋蔥切丁炒到焦黃，再加雞絞肉進去拌炒，再平凡不過的手法，哥哥就被香到不行，功課寫到一半忍不住奪門而出，問我在煮什麼。

其實我只是在炒番茄蛋炒飯的料而已，沒什麼好講，手揮一揮跟哥哥說還沒煮好，叫他回房間專心寫功課，接著繼續下醬油跟味醂調味。這醬油一下去不得了，哥哥回房間連椅子都沒坐熱，就被逼到又衝出來問我到底是在煮什麼（崩潰口吻），啊就真的沒有在煮什麼咩！不過，哥哥這反應倒是給了我靈感，如果用這個組合，加點水做成雞肉燥拌飯，鹹甜鹹甜的小孩一定一吃就瘋掉！就找機會特別做了這道料理，我跟老公的配溫泉蛋，小朋友就配荷包蛋，果然大受歡迎，感謝哥哥激發我想出這道簡單到沒朋友的食譜。

是說哥哥也滿辛苦的，每晚寫作業都要搭配廚房飄來的煮飯香，他在這樣的誘惑下還要寫作業算數學，難怪常常錯好幾題（？），想想也不該苛責他啦！

主婦流備餐戰略

永遠記得，忙到什麼都懶得想的時候，洋蔥＋醬油＋味醂這三劍客，是你最忠誠的好朋友。只要把它們三個湊在一起，加上雞、豬或牛，就足以變成一道下飯又營養的料理。沒興致煮一整桌菜又何妨，光靠這碗直接飽一半，另外配個青菜跟湯，或是像我一樣用煮蛋機弄個溫泉蛋、隨便煎個荷包蛋，該吃的都吃到了，而且口味上可一點都不委屈呢！

❶ 先料理洋蔥雞肉燥，燉滷入味的時間約 20 分鐘。

❷ 利用這空檔用煮蛋機煮溫泉蛋、處理高麗菜、豆腐及味噌湯即可。

洋蔥雞肉燥飯佐溫泉蛋

食材

- 洋蔥1顆，切細丁備用
- 雞絞肉（雞胸絞肉、雞腿絞肉、去皮雞腿絞肉皆可。豬絞肉也可以，但雞絞肉吃起來會比較清爽）

調味料

- 醬油3大匙
- 味醂1大匙

其他

- 水300ml

作法

❶ 適量油熱鍋後，加入洋蔥丁以小火拌炒至焦黃色。
❷ 加入雞絞肉炒至熟。
❸ 加入醬油與味醂，與料拌炒均勻後，加入水，蓋鍋燉煮20分鐘，搭上白飯即成。
❹ 再用煮蛋機弄個溫泉蛋，即完成。

油揚味噌湯

食材

- 油揚

調味料

- 味噌適量

作法

用熱水澆淋油揚以去除油膩，放涼切條。待高湯煮滾，調入適量味噌至喜歡的鹹度，將油揚放入鍋中煮一下，即完成。

＊油揚即為日本的炸豆皮，台灣很多豆腐品牌有出，滿多超市會賣，可留意看看。

蒜炒高麗菜

芝麻醬涼拌豆腐

PLAN 27

輕鬆騙小孩大口吃

清淡卻美味，吃了舒舒服服的一頓日式佳餚。

今日菜單

- 海苔酥魩仔魚蓋飯
- 玉米玉子燒
- 山藥醬油燒
- 蒜炒蘆筍
- 和風培根白菜豬五花湯

九點一到就把兄弟倆趕上床，因為哥哥明天要期中考，事到如今也只能讓他睡飽一點，降低他把加法算成減法的可能。弟弟在旁不甘示弱，皺眉嘆氣說他明天要當值日生，要擦桌子、搬椅子很忙，意思是明天對他來說也是大日子，他也應該早點睡覺儲備體力。

認真覺得幼兒園階段是每個人一生中的高光時刻，長得可愛得人疼，開始有自己的小社交圈，隨便完成點小事，就得到旁人的熱烈鼓掌，享受逐漸長大獨立的成就感，但實務上又不用承受任何壓力，每天吃飽睡，睡飽玩。

可惜這種生活在小學後就會逐漸變調，課業壓力像溫水煮青蛙般慢慢加重，到高年級就要笑不出來了。弟弟簡直無法想像，當他在那邊煞有其事說當值日生很辛苦時，哥哥聽到臉都歪了（笑）。

主婦流備餐戰略

兄弟倆非常愛吃海苔，有時我會把鮭魚、肉魚、鯖魚去刺後鋪在飯上，再撒韓式海苔酥，小孩就會暴動狂吃。有次我去料理作家（Talk Less）家作客，她是用魩仔魚，我一看這個組合就覺得更理想，因為省下去刺的時間，回家馬上如法炮製，果然大受歡迎。

另外搭的山藥醬油煎，就像是日式居酒屋會出現的小菜，無敵好吃，我可以吃一大盤，愛吃山藥的人務必試試看。

❶ 先將新合發無鹽熟凍魩仔魚（冷凍狀即可），放入電鍋以 1 杯水蒸熱。

❷ 利用蒸魚的時間，製作和風培根白菜豬五花湯。

❸ 煎玉米玉子燒。

❹ 煎山藥，同時另一鍋可炒蘆筍，最後將魩仔魚蓋飯製作完成即可。

海苔酥魩仔魚蓋飯

食材

- 新合發無鹽熟凍魩仔魚（100g）1 盒
- 韓式海苔酥適量

調味料

- 韓式芝麻油或香油少許
- 鹽少許

作法

1. 將新合發無鹽熟凍魩仔魚，以冷凍狀放入電鍋，外鍋加 1 杯水蒸熱。
2. 將蒸熱的魩仔魚鋪在飯上，撒上少許鹽，淋點韓式芝麻油或香油，最後撒上韓式海苔酥，即完成。

蒜炒蘆筍

玉米玉子燒

山藥醬油燒

作法

❶ 將 300 ～ 400g 的山藥，去皮後，切成約 1cm 的片狀。

❷ 將山藥放入保鮮袋，加入 2 大匙麵粉，與山藥搓揉均勻。

❸ 以適量韓式芝麻油或香油熱鍋後，放入山藥煎至兩面焦香，接著倒入各 1 大匙的醬油與味醂，兩面均勻沾上醬汁，撒上柴魚片，即完成。

＊削山藥皮時務必戴上手套，山藥的黏液容易使皮膚刺癢過敏。

和風培根白菜豬五花湯

作法

❶ 將 1 片厚切培根（一般培根則 2 ～ 3 片）入鍋，以少許油爆香，逼出油脂。

❷ 加入薄切豬五花肉片（200g，切大段）炒至熟後，放入 1 小顆包心白菜，炒至白菜略軟。

❸ 加入 600ml 日式高湯，以小火燉煮至白菜軟嫩，再加點醬油及鹽調至喜歡的鹹度，即完成。

PLAN 28

在家也能吃韓料

邊吃拌飯邊喝牛肉海帶芽湯，是否太享受啦！

今日菜單

- 韓式烤肉時蔬拌飯
- 黑胡椒毛豆莢
- 韓式泡菜
- 韓式海帶芽牛肉湯

弟弟開始上學後，我們有一套說再見的SOP。我會彎下腰在他耳邊說：「祝你大吃大喝，玩得愉快！」講完再掐掐他的小屁股。後來還會看布告欄的菜單，跟他預告下午點心吃什麼，有好吃的就祝他順利吃到兩碗。SOP完成後，弟弟就會心滿意足跟我說掰掰。

有段時間弟弟感冒請假多日，終於能上學時，我擔心他會不會鬧著不想去。果然到學校我一轉身離開，他就哭著追出來，我心想慘了，結果他說：「你沒有祝我大吃大喝玩得愉快～」我趕緊補說，聽完他就收起眼淚轉身去換鞋了。

做父母的，從與孩子相遇起就在準備分離，或許有天你會離家很遠，所以我要記下這段小故事，記下我們連分開短短幾個小時，都要認真抱抱說再見的日子。

主婦流備餐戰略

我非常喜歡吃韓式時蔬拌飯，可以一次吃下多種蔬菜跟肉。愛吃辣的話，擠點韓式辣醬更夠味，小孩則是可以用海苔包著吃，無論在口味上或是吃法上都讓人覺得很豐富。只要提前把要拌入的配菜備好，開飯前把料鋪一鋪即可，準備上不會麻煩，有次要招待一群小孩在家裡吃飯，我就是靠這道輕鬆過關。

韓式海帶牛肉湯則是我近期新歡，太愛喝了就自己學著煮，如果沒空煮，也可以從其他食譜挑個一般的海帶湯，煮起來就快很多喔！

❶ 製作海帶芽牛肉湯（熬需 30 分鐘）。

❷ 準備拌飯配菜，開飯前鋪在飯上即可。

韓式烤肉時蔬拌飯

＊拌飯食材與量、調味料都可依喜好自行調整。

食材

- 牛小排肉片300g，或是任何長條狀的牛肉片都行，也可使用豬五花肉片或絞肉
- 紅蘿蔔1根（大根），刨絲備用
- 鴻禧菇或其他菇類1大碗
- 玉米粒適量 • 雞蛋（依人數調整）
- 綠葉蔬菜1把（當季的都可以，我這次是買到青松菜），洗淨瀝乾切細段備用

調味料

- Costco 韓式烤肉醬1大匙
- 醬油 2小匙 • 味醂 1小匙 • 鹽少許

作法

❶ 綠葉蔬菜炒或燙熟，撒點鹽。紅蘿蔔以少許油炒至甜後，加入1小匙醬油調味。鴻禧菇以少許油炒軟後，加入1小匙醬油與1小匙味醂調味，並煎好荷包蛋。

❷ 開飯前，將牛肉片炒熟（若油花夠，則不用特別加油），加入1大匙烤肉醬調味。最後將配料鋪在飯上，即完成。

韓式海帶芽牛肉湯

食材

- 韓國海帶芽約20g，泡水30秒後取出靜置10分鐘，讓海帶芽吸收水分至軟。若過程中覺得海帶芽仍偏乾硬，可再補泡水一下
- 牛腱心肉200g，切成約0.3～0.5cm厚的片狀備用
- 蒜末1小匙
- 洋蔥¼顆，切絲

*韓國海帶在韓國食材店或蝦皮上有賣，比日本海帶芽厚且耐燉煮

調味料

- 韓國不倒翁芝麻香油（也可用一般香油取代）
- 醬油1大匙　● 鹽適量

作法

❶ 以1大匙的芝麻香油或食用油熱鍋，放入吸水變軟的海帶芽炒2～3分鐘，接著加入牛腱心肉拌炒至熟。

❷ 加水淹過料（約1L），以中小火滾30分鐘。

❸ 加入洋蔥絲、蒜末滾5分鐘後，加入1大匙醬油，最後再加鹽把鹹味補上，即完成。

*不加牛肉，直接煮最簡單版本的海帶湯也行。也可改加蛤蜊、白蘿蔔、蝦子等，配料口味有很多變化方式。

黑胡椒毛豆莢／韓式泡菜

（買現成的即可）

PLAN 29

傳統麵攤的回憶

想吃還不好找的古早味，原來祕密就是它！

今日菜單

- 古早味餛飩湯麵
- 甘蔗雞（買來的啦）
- 皮蛋豆腐
- 蒜炒小白菜

某晚我起床尿尿時突然踢到狗，但想想不太對勁，我們根本沒養狗！低頭一看，是弟弟跑來我們房間窩在地上睡。

我趕緊把他抱回去，沒想到早上又踢到狗（喔不是，是弟弟），他又跑來！那幾天我們好說歹說請他不要半夜跑來睡地上，怕他著涼，但他還是天天來！後來怕被發現，甚至會睡在我們房門口，直到我們早上開房門才發現，那麼忠心耿耿不是小狗是什麼（？）

就這樣來來回回一陣子，我想這已經是他的小確幸，睡在我們身旁更有安全感吧！那好吧！我在我的床邊地上幫他鋪了睡袋毛毯，正式歡迎他。弟弟知道後高興得不得了，半夜終於可以想來就來，不用擔心被我遣返了，而這也成為我們與弟弟獨有的親密時光，一起床就看（踩）到他，很可愛呢！

主婦流備餐戰略

一直很喜歡吃傳統麵攤的湯麵，卻怎樣也悟不出那湯頭。直到有次隨意把一大匙香油＋一小匙豬油熱了之後，加入大把蔥花爆香，接著嗆一些醬油跟加一點糖，最後熬煮出來的湯頭，終於是我記憶中古早味麵攤的味道。原來古早味的關鍵是豬油，不過現代家庭很少會用豬油，我也是久久想弄豬油拌飯時才會買，但偶爾這樣做覺得真不錯，這味道，現在在外想吃還不好找呢！不想特別去買豬油的話，單靠香油其實也很香，還是可以試試看喔！

❶ 製作古早味餛飩湯麵的湯頭。

❷ 利用煮湯頭及煮麵料的時間，準備炒小白菜。

❸ 將其他想要搭配的涼菜滷味，擺盤上桌。

PLAN 29

古早味餛飩湯麵

食材

- 蔥3～5根，切成蔥花備用
- 餛飩1盒
- 麵條適量

調味料

- 醬油1大匙
- 香油1大匙
- 豬油1小匙
- 白砂糖½小匙
- 鹽適量

其他

- 水800ml（此為4人份之建議，可隨需求增減）

作法

1. 於鍋中加入1大匙香油及1小匙豬油，待豬油化開後，加入蔥花爆香。
2. 蔥花炒到略軟後，加入1大匙醬油爆香，接著倒入800ml的熱水。
3. 當水再次煮滾，加入½小匙白砂糖及適量鹽巴（喜歡醬油味的也可補一點醬油），補到喜歡的鹹度後，湯頭製作即完成。
4. 將煮好的麵條及餛飩放入，即完成。

甘蔗雞

（買來的啦）

蒜炒小白菜

皮蛋豆腐

食材

- 皮蛋 1 顆
- 嫩豆腐 1 盒
- 柴魚片少許

調味料

- 和風醬油 2 大匙
- 味醂 1 大匙
- 日式麻油（或香油）1 小匙

作法

將以上調味料混合均勻後，淋在豆腐上即可。

＊以往皮蛋豆腐我都是淋醬油膏，但後來發現一個更好吃的配方，雖然已經過了拍攝食譜的時機，但還是補充在這邊給大家參考。這個涼拌豆腐的醬汁吃起來會更為清爽不死鹹，不配皮蛋，也可以配雞絲、小黃瓜喔！喜歡吃辣的可再加一點日式辣油。

PLAN 30

日本食堂在你家

這桌菜可簡單也可豐盛，看你多餓、多有空囉！

今日菜單

- 豬肉蘿蔔味噌湯
- 冷烏龍麵佐溫泉蛋
- 烤一夜干
- 蒜炒小松菜

老粉會知道，哥哥小時候非常挑食，我之所以開始寫食譜有一半是被他逼出來的（指）。畢竟難得做出他賞臉的菜，就很想奔跑在大街上昭告天下，說哥哥是林姓主婦的催生者不為過（笑）。隔了五年弟弟報到，我想說老天該不會又要給我一個「貴人」磨練我廚藝吧！

還好，弟弟也是貴人，但是是另一種。他命帶食神，愛吃不挑嘴，讓我在廚房找到更多自信與樂趣，原來有死忠粉絲支持的感覺那麼美好。看著弟弟大吃大喝，還跟哥哥搶食，讓哥哥有種在餐桌被邊緣化的危機感，開始對更多食物打開心門，在升小二時終於被豬附身，成為一個愛吃的孩子。

為什麼再忙也想煮飯給孩子吃？我想那是因為，看著孩子一臉享受、大快朵頤吃著我煮的食物，那畫面太療癒、太有成就感了。

主婦流備餐戰略

烏龍麵是我們家很喜歡的主食之一，炒烏龍、鍋燒烏龍麵或是咖哩烏龍麵都愛，有時想簡單煮的話，弄個烏龍涼麵也行！再烤條一夜干、用煮蛋機煮溫泉蛋、炒盤青菜、弄點泡菜，光這樣其實就很滿足了，但我希望再補一些肉量跟蔬菜量，就弄了鍋豬肉蘿蔔味噌湯，如此一來整桌菜更完整，準備上也不會麻煩喔！

這鍋湯的食材豐富，如果趕時間想把這桌菜極簡化，煮湯＋弄個玉子燒，再配白飯，也足以作為一餐，日本人很愛這樣吃喔！

❶ 先煮味噌湯，利用把蘿蔔燉軟的時間，開始烤一夜干跟用煮蛋機煮溫泉蛋（20 ～ 30 分鐘），也可改弄水煮蛋或玉子燒。

❷ 炒小松菜，最後再煮烏龍麵。

PLAN 30

豬肉蘿蔔味噌湯

食材

- 薄切豬五花肉片200g，切段備用
- 紅蘿蔔1根（小條），去皮切片備用
- 白蘿蔔½根（中小條），去皮切片備用
- 洋蔥½顆，切細段備用
- 蔥1～2根，切成蔥花備用

調味料

- 味噌適量（依個人喜好增減）

其他

- 柴魚高湯包1包

作法

1. 以少許油熱鍋後，加入洋蔥拌炒至透明狀。
2. 加入豬五花肉片拌炒至熟。
3. 加入紅、白蘿蔔稍作拌炒後，加水淹過料，水滾後丟入1包柴魚高湯包一起熬煮。
4. 待蘿蔔煮軟後，即可關火，加入味噌調整成喜歡的鹹度，喝之前撒點蔥花，即完成。

蒜炒小松菜

烤一夜干

（也可以用煎的）

冷烏龍麵佐溫泉蛋

食材

- 雞蛋 1 顆
- 烏龍麵 1 份

調味料

- 市售沾麵汁適量

作法

依包裝指示將烏龍麵煮好後，淋上市售沾麵汁（我這次是用烏龍麵附的醬汁，超市也會賣），打入溫泉蛋（煮蛋機煮的），即完成。

PLAN 31

台式小吃之夜

媲美台灣小吃店，但更健康清爽的一桌菜。

今日菜單

- 雞肉飯
- 滷味拼盤
- 蒜炒空心菜
- 紫菜蛋花餛飩湯

我不做功夫菜的，這些年來偶爾會看到自製雞肉飯的食譜，但看到一半我通常就放棄了，覺得某些環節對我而言還是太過麻煩。直到幾年前在網路上看到一個作法，發現其實不難，試著做了一次，全家都覺得非常好吃，從此之後我每幾個月會做一次雞肉飯，來個台式小吃之夜。

這天弟弟奮力扒飯一陣後，還剩幾口說他吃不下了，哥哥聽到馬上說他可以幫忙吃，我跟弟弟說你確定嗎？媽媽沒有很常做雞肉飯喔～看到哥哥搶著要吃，加上我的煽風點火，弟弟馬上低頭說那他再吃幾口好了，吃到剩一小撮，才甘願把碗滑給哥哥。

我本來以為看到剩那麼少的飯，哥哥可能會覺得算了。沒想到他依舊充滿感恩地收下，還聞著弟弟舔過的湯匙說好香喔～真是為了美食什麼尊嚴可以放下耶哈哈！

主婦流備餐戰略

這桌菜其實準備起來沒有想像中困難，因為滷味拼盤是買的哈哈哈。傍晚到麵店隨便切一些滷味，花個一百多就可以吃到滿滿一大盤，CP 值實在太高了。至於雞胸肉跟紅蔥頭醬油，都可以提前做，甚至前一晚先做好冰著。若真的沒空自製紅蔥頭醬油，也可買現成的雞／鵝油油蔥酥，鋪在飯上再淋醬油膏也會很好吃。

不要覺得滷味都買現成的了，幹嘛不連雞肉飯跟餛飩湯用買的就好，因為自己做的雞肉飯，雞肉絲絕對更香嫩多汁，自己煮的餛飩湯也更清淡少油，再炒或燙個青菜，媲美小吃店，但又比小吃店更健康清爽的一桌菜就搞定，非常值得在家做做看的！

❶ 先製作雞肉飯的雞絲與紅蔥頭醬油。

❷ 出門買個滷味。

❸ 開動前炒個空心菜、煮餛飩湯，雞絲鋪在飯上，淋點紅蔥頭醬油即可。

雞肉飯

食材

- 雞胸肉 300g
- 紅蔥頭7~8瓣，切細段備用

調味料

- 醬油適量

作法

❶ 在1L的冷水中，加入6g的鹽巴，攪勻後，放入生雞胸肉，泡30分鐘後取出。

❷ 煮一鍋水，水滾後，放入雞胸肉，待水再度冒泡繼續滾時，關火蓋上鍋蓋，讓雞肉浸泡20分鐘。

❸ 利用煮雞胸肉的時間，取個小平底鍋倒入適量油，於冷油時放入紅蔥頭，以小火慢炸至紅蔥頭變金黃，即可關火用濾網將油蔥瀝出。在蔥油內，加入等比的醬油，完成紅蔥頭醬油。

❹ 取出雞胸肉放涼，用手剝成絲。

❺ 要吃時，將雞肉絲與油蔥酥鋪在飯上，淋上適量紅蔥頭醬油，雞肉飯即完成。

滷味拼盤

蒜炒空心菜

紫菜蛋花餛飩湯

作法

如果沒空去買滷味拼盤，也可以煎片蔥油餅、弄個皮蛋豆腐或是切一些沙拉筍搭配，有時真的什麼都沒有，我煎個荷包蛋大家也都吃得很高興，所以不用太拘泥，挑個簡單的配菜搭即可，雞肉飯本身就夠吸引人了。

PLAN 32

簡化至極的蝦仁飯

吸滿蝦仁醬汁的米飯，有別於炒飯的銷魂美味！

今日菜單

- 蝦仁飯
- 蔭鳳梨清蒸白帶魚捲
- 家常滷豆腐
- 蒜炒菜豆
- 番茄蛋花雞湯

私心覺得我的兩個兒子比較像我，而弟弟似乎又更像些，跟我一樣有著頭圓圓的鼻子，笑起來的神韻也很相似，對此我一直竊喜著。

有天發現弟弟左邊鼻翼長出一顆新痣，我超級驚喜，因為我在一模一樣的位置也有一顆痣，只是多年前點掉了，沒想到繞了一大圈，又回到我小兒子的鼻子上，難道這就是基因的神奇之處。

我跟他說，這個痣本來在媽媽臉上，現在送給你了，弟弟知道後之得意，覺得自己收到了獨一無二，而且無論誰也搶不走的禮物。

從此，我三不五時會問他：「你鼻子上那顆痣是誰送你的？」他會用他甜甜的聲音，搭配甜甜的笑容說：「馬麻送我的！」有時我也會假裝要去把那顆痣摘下來，說把痣還給媽媽，他會說不可以！

開玩笑的，媽媽的一切都是你的，連痣也是。

主婦流備餐戰略

蝦仁飯跟蝦仁炒飯是完全不同的作法與口感，炒飯需用大火快炒、追求粒粒分明，蝦仁飯則是把白飯泡進蝦仁醬汁中煨乾，讓米粒吸滿醬汁，如果真要比，我更喜歡蝦仁飯。說起來這大概算是所謂的台南蝦仁飯，但我把作法簡化到最極致，不需要任何手藝也可以輕鬆完成。滷豆腐則是我在自助餐很愛點的家常口味，滷包的淡淡香氣讓豆腐的醬香味更帶層次，是大家記憶中都曾嚐過的那個味道，簡單美好。

❶ 先滷豆腐。
❷ 利用滷豆腐的時間，分別製作蝦仁飯及炒菜豆。
❸ 蒸魚的時間約 20 分鐘，可在料理空檔自行抓時間放入電鍋。
❹ 最後煮湯。

蝦仁飯

食材

- 蝦仁200g（我是使用火燒蝦仁，蝦味較濃且比較耐煮）
- 蔥3～4根，切成蔥花備用
- 米1杯，先煮成白飯

調味料

- 醬油1大匙
- 紹興酒1大匙（可省略）
- 白砂糖½小匙

其他

- 水50ml

作法

❶ 以少許香油或食用油熱鍋後，加入蔥花爆香，接著加入蝦仁拌炒至熟。

❷ 加入醬油、紹興酒、白砂糖及水，與蝦仁略作拌炒。

❸ 維持小火，將白飯均勻拌入蝦仁醬汁中，待米飯充分吸附醬汁收乾，即完成。

番茄蛋花雞湯

作法

❶ 以適量香油或食用油熱鍋後，加入 2 顆番茄塊炒至軟。

❷ 鍋中倒入 300ml 清高湯，煮滾後，加入醬油及番茄醬各 1 小匙，起鍋前打 1 顆蛋花，撒上 1 小把蔥花，即完成。

蔭鳳梨清蒸白帶魚捲

食材

- 白帶魚無刺魚捲 300g
- 蔭鳳梨適量，也可用蔭冬瓜、蔥花或薑絲取代（提味用，可省略）

調味料

- 醬油 1 大匙
- 食用油 1 大匙

作法

白帶魚捲免退冰，冷凍狀態直接放入盤中，淋上醬油與食用油，鋪上蔭鳳梨，大同電鍋外鍋加 1 杯水蒸至熟，即完成。

家常滷豆腐

食材

- 木棉豆腐、錦豆腐或是板豆腐四塊，切小方塊備用
- 蔥 3 ～ 4 根，切段備用
- 薑 1 小節，切片備用
- 蒜頭 4 ～ 5 顆，拍碎備用

調味料

- 醬油 4 大匙
- 白砂糖 1 小匙
- 萬用滷包 1 包

其他

- 水 3 米杯

作法

❶ 以適量香油或食用油熱鍋後，加入蔥、薑、蒜爆香。

❷ 加入調味料與水，再將豆腐及滷包放入醬汁中，以小火燉滷 30 ～ 40 分鐘，即完成。

蒜炒菜豆

邊吃飯，邊聽孩子分享今天發生的大大小小事，對媽媽來說真的很開心。

結語

致我的兒子們

To哥哥：

有人說，媽媽與老大之間有一種特殊的革命情感，想想確實，你見證了我初為人母時的種種笨拙與不安，看著我在養育你的過程中不斷碰壁再修正。一轉眼十年過去了，我把你拉拔成一個又高又壯的大男孩，而你也教我成為一個更有自信、更怡然自得的母親。謝謝你用你的童年，陪我跌跌撞撞，陪我探索一路上的掙扎與困惑，我們是最佳團隊。

／

To弟弟：

生你之前，我懷疑自己的母愛夠分嗎？但這個念頭在我躺在產檯上抱著你時，瞬間煙消雲散。你總是笑咪咪，沒有什麼事情會讓你難過太久，隨便一件小事就足以讓你笑到東倒西歪。你彷彿有種讓身邊的人都感到喜悅的魔力，不管到哪都深受大家的疼愛，這是你的福氣。五歲的你可愛到我光想到就微笑，願你永遠都能當個樂觀快樂的孩子。

食譜索引表

為了方便大家利用本書彈性搭配餐桌，我設想了挑選菜色時的幾大考量，並做了對應的大分類。

❶可先依照食材初步挑選，譬如想找雞肉食譜，或是缺一道雞蛋料理。

❷再依餐桌上其他菜色的口味跟當下情況，找出合適的料理。

- 依照調味輕重，挑選下飯菜或是清淡菜。
- 依照時間多寡，挑選很快好、先做好或是無油煙。
- 依照口味喜好，挑選台式、中式、日式、洋食或韓式。

*很快好通常是易熟／備料不複雜的快炒料理；先做好則是燉滷、方便復熱或是溫涼口感也好吃的料理。至於清淡菜／下飯菜以及餐桌主題，多少是我個人主觀判斷，這邊只是提供一個初步挑選的基準，大家再依照實際感受調整即可。

豬

菜名	口味	製作時間	善後難易	預先製作	風格	頁碼
小黃瓜炒肉末	下飯菜	很快好			台式	90
冬瓜肉燥	下飯菜			先做好	台式	114
肉末豆腐	下飯菜			先做好	台式	166
豆腐肉捲	下飯菜				日式	70
味噌松阪豬	下飯菜		無油煙		日式	130
洋蔥炒豬肉	下飯菜	很快好			日式	86
洋蔥燴腩排	下飯菜			先做好	台式	158
甜椒櫛瓜味噌豬五花	下飯菜	很快好			日式	82
甜椒鑲肉	下飯菜				台式	188

豬

菜名	口味	製作時間	善後難易	預先製作	風格	頁碼
野菜炒豬肉	下飯菜	很快好			日式	78
番茄馬鈴薯燉肋排	下飯菜			先做好	台式	118
嫩煎豬排	下飯菜				台式	140
蒜苗蘿蔔燉肉	下飯菜			先做好	台式	110
蒜香蒸豬五花高麗菜	清淡菜	很快好	無油煙		台式	66
蒜香醬油薄骨嫩肩排	下飯菜				台／日式／洋食	182
蜜汁排骨（腩排）	下飯菜			先做好	台式	170

雞

菜名	口味	製作時間	善後難易	預先製作	風格	頁碼
日式蘿蔔燉雞翅	下飯菜		無油煙	先做好	台／日式	122
地瓜梅子燒雞	下飯菜			先做好	台／日式	178
茄汁毛豆玉米雞絞肉	下飯菜	很快好			台／日式	74
香菇綠竹筍燒雞	下飯菜			先做好	台式	126
香煎雞腿排佐櫛瓜	清淡菜	很快好			日式／洋食	192
海帶滷雞翅	下飯菜			先做好	台式	134
蔥油淋雞	清淡菜				台式	164
蘆筍甜椒鳳梨炒嫩雞	清淡菜	很快好			台／日式	94
鹽麴雞唐揚	下飯菜				日式	174

魚／蝦

菜名	口味	製作時間	善後難易	預先製作	風格	頁碼
香酥鱈魚	清淡菜	很快好			台／日式	171
香煎赤鯮	清淡菜	很快好			台／日式	87
香煎虱目魚肚	清淡菜	很快好			台式	66
香煎紅魽魚排	清淡菜	很快好			台／日式	71
香煎鮭魚	清淡菜	很快好			台／日式	95
香煎鱸魚排	清淡菜	很快好			台／日式	189

蔬菜

菜名	口味	製作時間	善後難易	預先製作	風格	頁碼
小松菜炒甜不辣	清淡菜	很快好			台／日式	71
山藥醬油燒	清淡菜				日式	211
四季豆佐芝麻醬	清淡菜	很快好	無油煙	先做好	日式	174
紅燒冬瓜	下飯菜				台式	135
香煎馬鈴薯	清淡菜				日式／洋食	183
脆炒大黃瓜	清淡菜				台式	171
高湯娃娃菜	清淡菜		無油煙	先做好	台／日式	91
培根甜豆炒玉米筍	清淡菜	很快好			台／日式	71
培根櫛瓜玉米筍炒鮮菇	清淡菜	很快好			台／日式	79
梅汁涼拌秋葵	清淡菜		無油煙	先做好	日式	75
涼拌白菜心	清淡菜		無油煙	先做好	台式	135
麻香涼拌小黃瓜	清淡菜	很快好	無油煙		日式	179
焦糖燒玉米					日式／洋食	193
塔香野菇炒玉米筍	下飯菜	很快好			台式	83
酪梨沙拉	清淡菜	很快好			日式／洋食	183

魚／蝦

菜名	口味	製作時間	善後難易	預先製作	風格	頁碼
烤一夜干	下飯菜	很快好	無油煙		日式	223
烤肉醬香酥柳葉魚	下飯菜				台／日式	115
烤挪威鹽漬鯖魚	下飯菜	很快好	無油煙		日式	91
培根毛豆玉米蝦仁	清淡菜	很快好			台／日式	123
清蒸海鱺魚	下飯菜	很快好	無油煙		台式	127
椒鹽檸檬烤鮭魚	清淡菜	很快好	無油煙		台／日式	75
蔥爆蝦	下飯菜	很快好			台式	160
蔭鳳梨清蒸白帶魚捲	下飯菜	很快好	無油煙		台式	231
蝦仁炒蘆筍	清淡菜	很快好			台／日式	131
鹽烤檸檬魚下巴	清淡菜	很快好	無油煙		台／日式	179

豆腐／豆皮

菜名	口味	製作時間	善後難易	預先製作	風格	頁碼
皮蛋豆腐	清淡菜	很快好	無油煙		台式	219
芝麻醬涼拌豆腐	清淡菜	很快好	無油煙		日式	207
家常滷豆腐	下飯菜			先做好	台式	232
乾煎生豆皮佐大蒜黑醋醬油	清淡菜	很快好			台式	91
椒鹽豆腐丁	清淡菜	很快好			台式	136
蔥味噌焗烤起司油豆腐	下飯菜		無油煙		日式	202
蔥燒豆皮	下飯菜	很快好			台式	189
醬燒豆腐	下飯菜	很快好			台／中／日式	67

雞蛋

菜名	口味	製作時間	善後難易	預先製作	風格	頁碼
玉米玉子燒	清淡菜	很快好		先做好	日式	210
玉米茶碗蒸	清淡菜		無油煙	先做好	日式	79
紅蘿蔔玉子燒	清淡菜			先做好	日式	123
紅蘿蔔煎蛋	清淡菜			先做好	台式	141
海苔玉子燒	清淡菜	很快好		先做好	日式	130
茭白筍炒蛋	清淡菜	很快好			台式	95
番茄炒蛋	下飯菜	很快好			台式	87
絲瓜炒蛋	清淡菜	很快好			台式	115
蒜香魩仔魚蒸蛋	清淡菜		無油煙	先做好	台式	83
蝦仁炒蛋	清淡菜	很快好			台式	111
櫻花蝦菜脯蛋	下飯菜	很快好			台式	119
鹽昆布馬鈴薯雞蛋沙拉	清淡菜			先做好	日式	175

其他

菜名	口味	製作時間	善後難易	預先製作	風格	頁碼
高麗菜炒冬粉	下飯菜			先做好	台式	141

主食

菜名	口味	製作時間	善後難易	預先製作	風格	頁碼
古早味餛飩湯麵	淡口	很快好			台式	218
冷烏龍麵佐溫泉蛋	淡口	很快好	無油煙		日式	223
和風培根野菇義大利麵	淡口				日式／洋食	184
洋蔥雞肉燥飯佐溫泉蛋	濃口			先做好	日式	206
香腸菜飯	濃口			先做好	台式	159
海苔酥魩仔魚蓋飯	淡口	很快好	無油煙		日式	210
焦糖玉米飯	淡口			先做好	日式	175
蔥花牛肉丼飯	濃口	很快好			日式	202
蝦仁飯	濃口	很快好		先做好	台式	230
韓式烤肉時蔬拌飯	濃口			先做好	韓式	214
雞肉飯	濃口			先做好	台式	226

湯品

菜名	口味	製作時間	善後難易	預先製作	風格	頁碼
四寶湯	淡口	很快好			台式	159
老菜脯香菇雞湯	濃口			先做好	台式	111
豆腐蔥雞湯	淡口	很快好			台式	87
味噌豆腐貢丸湯	濃口	很快好	無油煙		台式	179
和風洋蔥蛋花湯	淡口	很快好			日式	71
和風培根白菜豬五花湯	淡口			先做好	日式／洋食	211
松發肉骨茶	濃口		無油煙	先做好	台式	127
油揚味噌湯	濃口	很快好	無油煙		日式	207
金針排骨湯	濃口		無油煙	先做好	台式	136
南瓜玉米濃湯	濃口			先做好	日式／洋食	193
娃娃菜豆腐雞湯	淡口			先做好	台式	83
娃娃菜蛤蜊雞湯	淡口			先做好	台式	165
紅棗蘿蔔排骨湯	淡口		無油煙	先做好	台式	119

湯品

菜名	口味	製作時間	善後難易	預先製作	風格	頁碼
剝皮辣椒雞湯	濃口			先做好	台式	141
海帶芽貢丸蛋花湯	淡口	很快好	無油煙		台式	67
高麗菜乾海帶芽豆腐湯	淡口	很快好	無油煙		台式	131
番茄剝皮辣椒湯	濃口	很快好			台式	171
番茄蛋花雞湯	淡口	很快好			台式	231
番茄蘿蔔湯	淡口	很快好			台式	123
紫菜蛋花餛飩湯	淡口	很快好	無油煙		台式	227
紫菜魩仔魚蛋花湯	淡口	很快好	無油煙		台式	79
絲瓜雞湯	淡口	很快好			台式	91
蛤蜊竹筍排骨湯	淡口		無油煙	先做好	台式	115
蛤蜊絲瓜湯	淡口	很快好			台式	189
榨菜冬粉蛋花湯	淡口	很快好			台式	75
綜合時蔬湯	淡口			先做好	洋食	183
豬肉蘿蔔味噌湯	濃口			先做好	日式	222
薑絲蛤蜊湯	淡口	很快好			台式	95
韓式海帶芽牛肉湯	濃口			先做好	韓式	215
關東煮湯	淡口		無油煙	先做好	日式	175
蘿蔔鮭魚味噌湯	濃口			先做好	日式	203

只是一頓飯，
但得到的，
從來不只是一頓飯而已。
讓我們一起，多陪孩子在家吃飯吧！

五歲的你可愛到我光想到就微笑，願你永遠都能當個樂觀快樂的孩子。

國家圖書館出版品預行編目資料

林姓主婦的晚餐餐桌提案：4 種生活情境 X 8 組餐桌提案＝ 32 套美味一桌菜 / 林姓主婦作 . -- 初版 . -- 臺北市：三采文化股份有限公司 , 2025.02
面； 公分 . -- (好日好食)
ISBN 978-626-358-567-6(平裝)

1.CST: 食譜 2.CST: 烹飪

427.1 113018134

suncolor 三采文化

好日好食 68

林姓主婦的晚餐餐桌提案

4 種生活情境 X 8 組餐桌提案＝ 32 套美味一桌菜

作者｜ 林姓主婦
編輯二部總編輯｜鄭微宣 主編｜黃迺淳
美術主編｜ 藍秀婷 封面設計｜ 方曉君
專案協理｜ 張育珊 行銷副理｜周傳雅 企劃專員｜徐瑋謙
人物情境攝影｜叮咚 食譜料理攝影｜林姓主婦 梳化｜陳琬曄
版型設計｜魏子琪 內頁排版｜魏子琪 校對｜周貝桂

發行人｜ 張輝明 總編輯｜ 曾雅青 發行所｜ 三采文化股份有限公司
地址｜ 台北市內湖區瑞光路 513 巷 33 號 8 樓
傳訊｜ TEL:8797-1234 FAX:8797-1688 網址｜ www.suncolor.com.tw
郵政劃撥｜ 帳號：14319060 戶名：三采文化股份有限公司
本版發行｜ 2025 年 2 月 6 日 定價｜ NT$520